AF346538

THÈSE

POUR

LE DOCTORAT

SOUTENUE

Par M. CÉLESTIN VILLEBRUN,

Avocat à la Cour impériale,

NÉ A CAPESTANG (HÉRAULT).

DROIT ROMAIN

De la mise en demeure et spécialement de la clause pénale.

DROIT FRANÇAIS

Loi du 27 juillet 1866, concernant les crimes, les délits et les contraventions commis à l'étranger.

TOULOUSE

IMPRIMERIE DE CAILLOL ET BAYLAC,

Rue de la Pomme, N° 34

1868

A LA MÉMOIRE D'UNE MÈRE SI CHÈRE

ENLEVÉE A NOTRE AFFECTION

ET A L'ESTIME DE CEUX QUI L'ONT CONNUE

A MA GRAND'MÈRE

ET

ET A MON PÈRE

A MES DEUX SŒURS — A MON FRÈRE

A MES PARENTS — A MES AMIS

A MES MAITRES

FACULTÉ DE DROIT DE TOULOUSE

1867-68

MM.

CHAUVEAU (Adolphe) ✳, Doyen, Professeur de droit administratif.

DELPECH ✳, Doyen honoraire, en retraite.

RODIÈRE ✳, Professeur de Procédure civile.

DUFOUR ✳, Professeur de Droit commercial.

MOLINIER ✳, Professeur de Droit criminel.

BRESSOLLES, Professeur de Code Napoléon.

MASSOL ✳, Professeur de Droit romain.

GINOUILHAC, Professeur de Droit français, étudié dans ses origines féodales et coutumières.

HUC, Professeur de Code Napoléon.

HUMBERT, Professeur de Droit romain.

ROZY, agrégé, chargé du Cours d'économie politique.

POUBELLE, agrégé, chargé d'un cours de Code Napoléon.

BONFILS, agrégé.

ARNAULT, agrégé.

M. DARRENOUGUÉ, Officier de l'Instruction publique, secrétaire, agent-comptable.

Président de la Thèse, M. MOLINIER.

Suffragants :
MM. MASSOL.
GINOUILHAC.
HUC.
ROZY.

DROIT ROMAIN

DE LA MISE EN DEMEURE ET SPÉCIALEMENT DE LA CLAUSE PÉNALE.

PROLÉGOMÈNES.

Nous pouvons rattacher nos explications sur la *mora* ou mise en demeure à la théorie des modes d'extinction des obligations. Un débiteur d'un corps certain est libéré de son obligation si ce corps certain a péri ; mais exceptionnellement la perte de la chose dûe n'opère pas libération dans les trois circonstances suivantes : 1° Si le débiteur a détruit lui-même la chose ; il en doit alors l'estimation et devient par ce fait passible de dommages et intérêts. 2° Si la perte de l'objet résulte d'une faute plus ou moins grande imputable au débiteur ; 3° Si le débiteur est mis en demeure de payer sa dette.

La mise en demeure a donc pour principal effet de rendre l'obligation perpétuelle (*perpetuatur obligatio*), elle se présente comme un obstacle au fonctionnement de la règle qui délie un débiteur mis dans l'impossibilité physique d'exécuter son obligation (1). Nous allons exposer dans un court résumé la théorie de la *mora* et passer en-

____

(1) De Fresquet, tome II, page 326.

suite à l'étude d'un second sujet, que nous traiterons avce les détails et l'application qu'il mérite ; nous avons déjà nommé la clause pénale.

Le mot latin *mora* reçoit, dans notre langue juridique, une double acception ; il signifie, tantôt un simple retard (*mora ex solo tempore tardæ solutionis*) et tantôt une mise en demeure. Un grand nombre de textes où ce mot est pris dans l'un ou l'autre sens viennént à l'appui de notre assertion (1). Cette première remarque nous parait d'une importance capitale, il nous suffira de la signaler à la bienveillante attention de nos lecteurs, pour les prémunir contre l'erreur de certains esprits qui ont assimilé le simple retard auquel la loi romaine a attaché quelques conséquences particulières à la demeure dont les effets sont généraux et plus étendus.

Nous diviserons notre sujet en trois sections :

Principes généraux.
Section I.   Conditions constitutives de la demeure.
       § 1. du débiteur.
       § 2. du créancier.
Section II. Effets de la demeure.
       § 1. du débiteur.
       § 2. du créancier.
       Appendice — effets du simple retard.
Section III. Purge de la demeure.

I.

PRINCIPES GÉNÉRAUX.

Deux conditions sont nécessaires à l'existence de la mise en demeure.

---

(1) Voyez notamment le frag. **24**, proemium. Dig. de usuris livre **22**, titre I.

1° *Faute dans le retard.* — Pour que la *mora* ou mise en demeure prenne naissance, il faut, non-seulement qu'un débiteur soit en retard d'exécuter son obligation ou le créancier d'accepter son paiement (car la *mora* peut être doublement envisagée au point de vue des intérêts du créancier et de ceux du débiteur), il faut encore que ce retard soit frustratoire et revête un caractère d'injure (1); aussi la demeure a-t-elle été définie par un auteur célèbre (2), *mora injusta restitutionis solutionisve aut faciendæ aut accipiendæ cessatio,* c'est-à-dire l'omission injuste qu'on commet en ne restituant pas ou en ne payant pas sa dette, en refusant de faire sa prestation ou d'accepter sa créance.

2° Une seconde condition, non moins indispensable pour que la demeure produise ses effets, c'est l'*interpellatio.*

Le débiteur ou le créancier doivent être avertis que le moment d'exécuter l'obligation ou d'accepter un paiement est arrivé. A cet effet, une sommation devra être adressée à celui qui fait subir un injuste retard.

Cette nécessité de l'*interpellatio* se présente à nous sous la forme de règle générale, énoncée dans plusieurs textes, tels que le *frag. 32 proem. D. de usuris* où il est dit expressément : *mora fieri intelligitur non ex re sed ex personâ, id est si interpellatus opportuno loco non solverit.* Dans le § 1er de la même loi, le jurisconsulte *Marcien* reconnaît la nécessité d'une *dénuntiatio.* Enfin, dans la loi 127, § 2, D. *de verb. oblig.,* nous lisons ces mots : *nulla intelligitur mora fieri ubi nulla petitio est* (3).

____

(1) Loi 23, § 1. Dig. livr. 4, t. 8. — Lois 17, § 3; loi 21 et 22 proem. D. de usuris. Loi 23, § 1, D. de receptis qui..... Loi 9, § 1, de usuris. Si tamen post., etc.

(2) Mulenbrück — doctrina pandectarum, tome II, § 388.

(3) Ce dernier texte semble même faire dépendre la demeure de la délivrance d'une action.

C'est par ce double signe caractéristique de la faute dans le retard et de l'*interpellatio* que l'on distinguera les cas où la demeure existe, des cas où il y a simple retard. Nous verrons ultérieurement, en étudiant les effets de ces deux actes de droit, que de notables différences existent entr'eux et qu'on ne saurait les confondre.

Notre principe, solidement établi, ne doit pas fléchir devant quelques textes de lois qui semblent nous affirmer l'existence d'une *mora ex re*, c'est-à-dire d'une mise en demeure produïsant ses effets, indépendamment de toute interpellation. Si nous recherchons l'esprit de ces derniers textes, nous acquerrons facilement l'intime conviction que loin de venir heurter notre système, ils en sont la confirmation la plus éclatante. Mulenbruck, qui nous paraît se prévaloir de cette erreur, après avoir indiqué quatre cas où la *mora naît ex re*, reconnaît cependant qu'en dehors de ces faits, la formalité de la sommation devient nécessaire (1); ces cas exceptés sont les suivants :

1ᵉʳ *Cas*. — Le premier est tiré de la loi 8, § 1. *Dig. de condict. furtiv.* 13, 1. — Lorsqu'on est tenu à la restitution de la chose d'autrui que l'on détient de mauvaise foi et par suite d'un délit ; ce qui fait qu'un voleur est toujours en demeure de livrer les objets volés ; mais on ne voit rien dans ce premier cas d'inconciliable avec notre principe. Comment exiger qu'une *interpellatio* soit faite à celui qui, après avoir soustrait frauduleusement une chose, se cache le plus souvent, afin de rester à l'abri des poursuites et des recherches. Si une sommation était nécessaire, dans quel lieu et à qui le créancier l'adresserait-il ? Au surplus, le législateur romain, après avoir édicté des peines sévères contre les vols et concédé à la victime diverses actions qui lui permettent d'atteindre l'auteur du délit, se serait mis en désaccord avec lui-même s'il eût

(1) Loco citato, § 555. In reliquis omnibus causis interpellandus est debitor.

exigé qu'on usât de cette dernière prévenance à l'égard des voleurs. Il en sera de même pour la personne qui s'empare violemment d'un immeuble (1). Car, en se rendant coupable d'un tel fait, elle montre qu'elle n'obéirait pas à une sommation de restituer.

2° Cas. — Le deuxième cas est tiré du *frag.* 23. *Dig. de usuris.* Il est question d'un débiteur qui s'est absenté *sans juste motif* et s'est rendu coupable de négligence en n'avertissant pas le créancier de son absence; il ne saurait donc bénéficier de sa propre faute. L'impossibilité physique d'adresser une sommation ne résulte-t-elle pas assez clairement de la situation dans laquelle est placée le créancier vis à vis de son débiteur absent?

3° Cas. — *Si certus dies solutionis obligationi adjectus est,* lorsque l'obligation est à terme. Les anciens interprêtes ont admis que l'arrivée du terme tient lieu de sommation, d'où le vieil adage : *Dies interpellat pro homine.* Ce point est devenu l'objet de nombreuses controverses qui ne paraissent pas devoir se terminer. Parmi les partisants de cette règle, nous trouvons *Donnellus, Noodt, Thibaut, Madai;* — *Schroter* la rejette en son entier sans admettre de transaction. — *Neustetel* en veut restreindre l'application aux inconvénients d'un retard prévu et réglé par les parties. *Mulenbruck* est d'avis, suivant une opinion très accréditée et un précepte conforme à l'équité et au droit naturel, qu'on doit faire passer le plutôt possible les pertes fortuites et les suites fâcheuses d'une obligation inexécutée, à la charge de celui qui a manqué à sa parole. Mais *Schroter* répond qu'on ne peut admettre, que celui qui doit purement et simplement, soit plus favorisé que celui qui doit à terme. Et la loi ne s'oppose pas à ce qu'il n'y ait faute de la part du débiteur que du jour où il a reçu un avertissement. Tel est l'historique

(1) *Frag.* 10. *Dig.* 43, 16.

de cette question si débattue autrefois : nous allons passer rapidement en revue les arguments du texte qu'on a fait valoir dans les deux sens (1).

Les partisans de la règle citent à l'appui un grand nombre de textes. Les lois 8, *Dig. si quis cautionib.* — Loi 47, *Dig. de act. emp.* — Loi 77. — Loi 114, *de verb. oblig.* — Loi 4, *de cond. triti.* — Loi 10, *Cod. de act. emp.*, IV, 49. — Loi 12, *Cod. de contrahenda*, VIII, 38. — Loi 23, *D. de oblig. et act.* — Loi 40, *D. de rebus cred.*, etc., etc. Tous ces textes établissent suffisamment que la *mora* existe de plein droit et sans qu'il soit besoin d'une interpellation, de moment où le terme fixé pour le paiement est arrivé.

En réponse à de telles affirmations, revenons aux principes et rappelons la première des deux conditions ci-dessus posées, qui consiste à voir dans la faute du débiteur un élément constitutif de l'existence de la *mora*; il faut avant tout un retard injuste du débiteur. Pour que l'échéance seule du terme amenât ce retard injuste, il faudrait : 1° qu'à l'époque du paiement le débiteur fût obligé de mettre la chose entre les mains de son créancier ou de lui faire des offres valables. 2° Qu'il eût connaissance de l'obligation qui pèse sur lui. Or, dans les ventes mobilières, les seules dans lesquelles on comprenne la possibilité pour le débiteur de venir déposer l'objet de l'obligation chez son créancier, la loi romaine, *frag. 9, D. de act. empli,* oblige l'acheteur, créancier dans l'espèce, à venir lui-même enlever l'objet du contrat; elle concède de plus au vendeur l'action en *vendito* pour forcer l'acquéreur, en cas de refus, à venir prendre livraison. La deuxième condition ne sortira pas toujours à effet, puisqu'il peut se présenter des situations telles que le débiteur ne sache pas

---

(1) Consulter un travail estimable de Paul DELOYNES, de la Faculté de Poitiers.

qu'il a une obligation à remplir ; lorsque, par exemple, l'héritier d'un débiteur n'a pas eu le temps moral de connaitre les affaires du *de cujus* avant l'arrivée du terme. Nous venons de démontrer, avec la loi, que le débiteur peut être en retard de payer, sans que pour cela il ait la moindre faute à se repprocher. Il n'a pas fait subir d'injuste retard, il n'a pas été interpellé, dès lors, comment peut-on décider que l'arrivée du terme tiendra lieu de sommation et engendrera la demeure, du moment où ni l'une ni l'autre des conditions requises pour l'existence de la *mora* ne se trouve remplie. Avec les partisans de la règle, il faudrait dire que la première condition de la faute dans le retard n'est plus nécessaire mais seulement facultative et en vérité on ne saurait en venir à ce point. On nous objectera que notre raisonnement ne s'applique qu'aux obligations de donner et non point aux obligations de faire ou de ne pas faire ; de même qu'il sera inapplicable au cas où le contrat obligerait le débiteur à déposer la chose chez le créancier ; quand même ces objections seraient fondées, il n'y a pas lieu de s'en préoccuper. Nos critiques sont-elles exactes? Est-il vrai de dire que dans certains cas, s'il n'y a pas interpellation, il n'y aura pas non plus retard frustratoire de la part du débiteur ; s'il en est ainsi, on est conduit forcément à rejeter la maxime.

Mais on oppose des textes de lois. Ces textes pour la plus part se réfèrent à une clause pénale qui a été stipulée comme une condition de l'inexécution de l'obligation principale. Nous étudierons les caractères de ces obligations pénales et nous verrons qu'il n'y a pas lieu de s'étonner dores et déjà que la peine soit encourue sans une sommation, et par l'effet du simple retard, dès l'instant que la première obligation n'est pas exécutée au temps marqué. C'est ce que démontre suffisamment la loi 47, *D. de act. empti* sainement entendue. L'héritier d'un vendeur subit la peine promise par son auteur en cas d'inexécution de l'obligation principale, par cela seul qu'il n'est plus dans le délai pendant lequel il eût pu utilement exécuter la convention ; mais la loi ajoute que par l'action *ex empto,* le juge aura égard aux intérêts du prix à compter du jour où le vendeur aura été en demeure de livrer la chose en entier. La distinction posée par le jurisconsulte *Paul,* parait décisive en notre faveur. L'obligation pénale reste soumise d'un côté aux règles ordinaires de l'échéance du terme ; d'un autre côté, si le créancier veut réclamer les intérêts du prix, il doit mettre son débiteur en demeure ; n'est-ce pas déclarer implicitement que l'échéance du terme ne suffit pas pour faire naître la mise en demeure, et que les conditions dont nous avons parlé, demeurent nécessaires ?

Dans la loi 8, *Dig.* 2, 11, qu'on nous oppose, le mot *mora* signifie simple retard. Il est dit, en effet, que si l'on se rend *in judicïo* quelques jours seulement après le terme convenu et que le demandeur n'ait pas eû à souffrir de ce retard (1), on pourra user de l'exception. Il n'est nullement question de la mise en demeure et il serait erronné de conclure que l'échéance du terme équivaut à une sommation pour faire naître la demeure.

La loi 114, *Dig. de v. oblig.* paraît un argument très fort en faveur de la maxime précité. Voici ce que dit la loi : « *Si fundum* CERTO DIÈ *prœstari stipuler, et per promissorem steterit quominus eâ die prœstetur consecuturum me quanti mea intersit moram facti non esse.* » On a essayé de répondre que cette loi en posant une règle équitable, ne s'est pas occupée des conditions juridiques de la mise en demeure. Le cas me paraît analogue au cas prévu par la loi 8, et je traduis vulgairement *moram facti,* retard de fait. Cette loi signalerait un des effets produits par le simple retard, effets dont nous nous occuperons dans la suite.

____

(1) Nec actoris ex morâ jus deterius factum sit, etc.

Ce serait mal tenir notre promesse d'être brefs, que de réfuter un à un tous les arguments de texte qu'on a invoqués pour assurer le triomphe de la maxime (*Dies interpellat pro homine*). Cependant, aux preuves déjà avancées d'une manière fort générale pour répondre à la doctrine des anciens interprêtes, nous joindrons une dernière, tirée des lois 32, *de usuris* et 49, § 3, *de verb. oblig.*

. La première de ces lois qui pose la règle qu'il n'y a pas de demeure sans interpellation, ne distingue pas entre les obligations pures et simples et les obligations à terme ; la seconde nous dit que celui qui ayant terme, vient à être sommé avant son arrivée, n'est pas tenu de payer ; mais c'est reconnaître la nécessité de l'interpellation, dès que le terme est arrivé. Cette décision de *Paul,* vient corroborer les observations que nous avons présentées sur la loi 47 du même auteur. L'ancienne jurisprudence, fidèle à ces données, n'a jamais admis la validité de la maxime *dies interpellat pro homine*, et le Code Napoléon l'a rejetée aussi, du moins en principe, ainsi que cela ressort des art. 1139, 1146 (1).

4° *Cas.* — Enfin, *ex jure singulari,* c'est-à-dire en vertu d'une disposition exceptionnelle dérogatoire aux principes généraux du droit la *mora ex re*, naîtrait à partir du jour fixé par le paiement, quand il s'agit *de fidéicommis* (*pecunia fideicommissaria*) laissés à des mineurs ou de libertés fidéicommissaires (2). Ici nous sommes forcés d'admettre l'exception, car telle a été la volonté du législateur qu'il suffit d'un simple retard pour que la demeure existe. Une constitution de Dioclétien et de Maximien, au Code, loi 3, *in quibus causis*, est formelle en ce point. *In minorum personna re ipsa et ex*

(1) Aubry et Rau sur Zachariæ, tome III, pag. 63.
(2) Frag. 20, § 1, Dig. 40, 5. — Loi 46. § 4, Cod. de episcopos et clericis.

solo tempore tardæ pretii solutionis recepto jure moram fieri creditum est.

Ulpien déclare que l'exception doit s'étendre à plus forte raison aux libertés fidéicommissaires. Un héritier a été chargé d'affranchir une esclave ; il est en retard dans l'exécution de la volonté du défunt, et dans l'intervalle l'esclave met au monde un fils ; selon la règle générale cet enfant devrait naître esclave, mais par faveur pour la liberté, ce retard ne sera pas préjudiciable à l'enfant qui deviendra libre (1). Par ce motif d'intérêt public et parce que la loi entoure de sa bienveillance certaines créances, le simple retard produit exceptionnellement les effets de la demeure.

Tels sont les quatre cas où d'après Mulenbruck la *mora* naîtrait *ex re*, c'est-à-dire indépendamment de toute interpellation. Nous avons vu, dans les deux premiers, cette formalité de la sommation rendue impossible par la force même des choses ; dans le troisième, nous avons démontré qu'elle était nécessaire, et quant au quatrième, nous reconnaissons une exception unique à notre règle fondamentale.

La conclusion forcée de tout ceci, c'est qu'en thèse générale, il n'existe qu'une seule mise en demeure : la *mora ex personnâ*, qui tire sa force de la coexistence d'une faute imputable au débiteur et de l'interpellation qui lui est adressée. Et, en effet, ne doit-il pas en être ainsi dans tous les cas ; n'y a-t-il pas lieu de présumer que si un créancier garde le silence au moment où il avait le droit de réclamer son paiement, c'est qu'il a voulu tacitement accorder à son débiteur une prolongation de délai, parce qu'il l'a jugé digne d'une telle faveur, parce

______

(1) Le jurisconsulte ajoute de nouveaux motifs à cette décision : « Ple-
» rumque enim per ignaviam, vel per timiditatem eorum, quibus relin-
» quitur libertas fideicommissa, vel ignorantiam juris sui, vel per auc-
» toritatem et dignitatem eorum, a quibus relicta est, vel serius peti-
» tur vel in totum non petitur fideicommissa libertas ; quæ res obesse
» libertati non debet. »

qu'il a compté sur sa bonne foi et que ses intérêts d'ailleurs n'en souffrent pas.

§ 1er.

Demeure du débiteur.

Le débiteur sera en demeure lorsque, par sa faute, il aura manqué d'exécuter son obligation au temps fixé pour le paiement et lorsque le créancier l'aura averti de ce retard au moyen d'une sommation. Sur cette deuxième condition nous avons à nous demander qui a qualité pour faire cette sommation; à qui, dans quel lieu, à quel moment, dans quelle forme elle doit être faite.

I. *Qui peut faire la sommation ?* — Celui-là seul qui a qualité pour recevoir et exiger le paiement (1).

1° Le créancier sans aucun doute. Si c'était un pupille, il avait besoin de l'assistance de son tuteur. Ce dernier à cause de la faiblesse d'esprit de l'impubère, venait augmenter par sa présence la capacité du mineur (*tutore auctore*) (2). Si le créancier était un majeur en curatelle interdit pour cause de prodigalité, il agissait lui-même sous la surveillance de son préposé;

2° Le mandataire du créancier, mais il devait justifier, de ses pouvoirs, *loi 72, Dig. de Procurat;*

3° Le *negotiorum gestor* ou gérant d'affaires. Mais en présence de la restriction imposée par la loi 39, *Dig. de negot. gest.*, il faut décider qu'il ne pouvait poursuivre que le recouvrement des dettes nées de sa gestion et pour elles seules constituer le débiteur en demeure.

---

(1) Loi 24, Dig. de usuris.

(2) Nous ne parlons pas de la capacité de l'*infantiæ proximus*. On pourrait présenter une longue dissertation, mais elle paraîtrait sortir du cadre de notre sujet. (Voyez les textes des oblig. de M. Vernet).

II. *A qui doit être adressée la sommation ?* — Ce sera au débiteur capable d'aliéner (1). Si le débiteur est un mineur, la sommation sera adressée à son tuteur et cela en vertu d'une règle générale qui veut qu'un mineur ne puisse rendre sa condition pire sans l'assistance de son tuteur ; cette situation est présumée par cela seul qu'il s'agit d'acquitter une dette. Si le débiteur est un prodigue, la sommation lui sera adressée personnellement, mais le curateur doit en être informé.

La sommation est-elle adressée au mandataire du débiteur ; la loi ne la trouve pas suffisante pour que ce dernier soit mis en demeure (2).

III. *Lieu de la sommation.* — Suivant le *frag. 32, Dig. de usuris*, la sommation doit être faite *opportuno loco*, c'est-à-dire dans le lieu où l'obligation est exigible, ou dans celui désigné pour le paiement par la convention des parties.

IV. *Du temps.* — Si l'obligation est conditionnelle, la sommation sera adressée au débiteur, lorsque la condition sera accomplie ; car jusque-là l'existence de l'obligation est en suspens. Si les parties ont stipulé un terme, il faudra attendre l'arrivée de ce terme ; le terme peut être tacite, lorsque le promettant s'engage dans un lieu à donner ou à faire quelque chose dans autre lieu. Dans le cas de l'obligation pure et simple, l'exécution pouvant être réclamée immédiatement, la sommation peut être adressée sans aucun délai (3).

V. *Forme de la sommation.* — Elle résulte de tout acte judiciaire ou extra-judiciaire de nature à faire con-

----

(1) Marcien, loi 25, § 1. Dig. de usuris.

(2) Argument de la loi 25, D. usuris et de la loi 8, § 3. Dig. de procurat.

(3) Loi 49. Dig. de verb. oblig.

naître au débiteur l'intention où est le créancier d'exiger son paiement (1).

Il est des cas nombreux où l'interpellation n'opère pas demeure, c'est lorsque le débiteur motive par de légitimes excuses le retard qu'il met dans l'acquittement de sa dette, la loi 17, § 3 *de usuris*, nous cite le cas d'un héritier qui n'a pas délivré un fideicommis laissé à un pupille, parce que ce dernier n'était pas encore pourvu d'un tuteur; l'héritier qui a été sommé, n'est pas en faute; s'il en était autrement, ce serait l'exposer à payer deux fois la même dette. Les lois 21-24 *de usuris* nous fournissent d'autres exemples en prévoyant les cas où le débiteur interpellé s'était absenté subitement pour le service de la République, où il a été fait prisonnier par les ennemis, etc. La loi 99, *de reg. juris*, ne décide pas autrement, quand la demande n'est pas *liquide* et la loi 54, *D. de pactis*, quand le débiteur veut opposer une exception dont l'effet sera de faire rejeter la prétention du demandeur.

Les juges ont un souverain pouvoir d'appréciation et décident d'après les circonstances si le retard dans l'exécution de l'obligation est dû à la négligence du débiteur; alors seulement la mise en demeure existe, et c'est ce que nous dit Antonin le pieux dans un rescrit conçu en ces termes: *An mora facta intelligatur neque constitutione ulla neque juris auctorum decidi posse; cùm sit magis facti quam juris* (2).

§ 2.

Demeure du créancier.

Nous avons vu, aux termes de la définition de la *mora*, qu'elle peut exister à l'encontre du créancier. Le

---

(1) Art. 1139, C. Nap. — La loi 38, § 7, D. de usuris, prouve suffisamment qu'il peut y avoir demeure sans qu'il y ait une action intentée.

(2) Loi 23, D. de usuris.

2.

débiteur peut avoir intérêt à se libérer d'une dette (1) ; aussi doit-on lui reconnaître un droit de contrainte sur son créancier qui, sans raison, refuse d'accepter un paiement fait en bonnes formes. Cette contrainte se résume dans la faculté qu'à le débiteur de faire connaître à son créancier l'intention où il est d'acquitter sa dette en le sommant de recevoir le paiement. Mais ce simple avertissement ne revêt le caractère d'une vraie *interpellatio* avec tous ses effets, que lorsque le débiteur représente l'objet de l'obligation et offre de payer la totalité de la somme y compris les intérêts échus ; s'il s'agit d'une somme d'argent, il faut aussi que le créancier refuse d'accepter les offres qui lui sont faites.

Le débiteur a diverses formalités à remplir. Il doit faire ses offres au lieu fixé pour le paiement, loi 47, *Dig. de legatis.* Si l'obligation est à terme, il aura à se demander si le terme a été stipulé en sa faveur ; dans ce cas, il pourra renoncer à ce bénéfice et faire des offres avant son arrivée (2). Mais si le terme est dans l'intérêt exclusif du créancier, il faudra qu'il attende son expiration (3).

Il doit avoir aussi la capacité d'aliéner. S'il est mineur de 25 ans, il ne peut donc faire des offres valables sans l'assistance de son tuteur ; s'il est en curatelle, il doit en informer son curateur. Ce qui est digne de remarque, c'est qu'une tierce personne peut se présenter à la place du débiteur, même à son insu, et faire des offres valables qui pourront mettre le créancier en demeure, s'il ne les accepte, et cela est évident, puisqu'un tiers peut éteindre une obligation à l'insu de l'obligé. Toutefois, lorsque l'objet de la dette consiste dans l'accomplissement d'un fait (commande d'un tableau) et si l'on a pris en considération la personne du

---

(1) Cet intérêt naît des effets produits par la mise en demeure du créancier.

(2) C. Nap., art. 1187. C'est l'application de la maxime : Unusquisque potest juri in favore suo introducto renuntiare.

(3) C. Nap. 1258. — Loi 43, § 2. Dig. de legatis.

débiteur, le créancier a intérêt à ce que le débiteur seul vienne exécuter son obligation, et dans ce cas nous devons décider qu'il n'est pas tenu d'accepter les offres d'une personne étrangère à la convention.

Le créancier peut avoir été empêché d'accepter les offres qui lui sont faites. Ici se présente de nouveau une question de fait que les juges apprécieront, et l'on appliquera par analogie les cas nombreux énumérés au § précédent concernant la demeure du débiteur (1).

SECTION II.

Effets de la mise en demeure.

Parmi ces effets, il en est qui sont communs à la demeure du débiteur et du créancier; d'autres sont spéciaux, soit à la demeure du créancier, soit à celle du débiteur; nous allons les décrire successivement.

1° Le créancier ou le débiteur mis en demeure, est responsable des pertes et détériorations survenues depuis, et celle des parties qui a mis l'autre en demeure, reste seulement tenue de son dol ou de sa faute lourde, (*culpa lata*), les lois 5. *17, Dig. 18, 6*, posent ce principe en ces termes : *sed si per emptorem mora fuisset, deinde cum omnia in integro essent venditor moram adhibuerit cùm posset se exsolvere, æquum est posteriorem moram venditori nocere*; celui-là supporte les effets de la demeure qui s'y trouve constitué le dernier.

Conséquence de ce premier effet. — Si la chose a baissé de valeur depuis la mise en demeure, on se reporte à l'époque où la demeure a pris naissance, pour fixer le montant de la prestation, et si cette valeur a subi des variations, on condamne le débiteur à payer le prix le plus élevé (2).

____

(1) Loi 3, § 4, de act. empt.
(2) Loi 3, § 3 et 4. Dig. de act. empti.

Autre conséquence. — Celui qui est en demeure doit réparer le dommage qu'éprouve l'autre partie à la suite de ce retard intempestif. Cette responsabilité s'étend non-seulement au *lucrum emergens,* mais aussi au *lucrum cessans* (1). Dans les actions *stricti juris* le montant des dommages n'est calculé qu'à partir de la *litis contestatio.*

II. Celui qui est *in mora* doit tenir compte à l'autre partie des *fruits* et *accessions* qu'a produits la chose (2). Une personne devait-elle une esclave, elle restituera de plus le part de l'esclave et tout ce que le fils de l'esclave aura acquis aussi (*ideo et partum venire in restitutionem et partuum fructus*). Julien décide encore que si le possesseur de l'esclave a acquis depuis la mise en demeure le droit d'intenter l'action de la loi Aquilia, l'interpellant seul, exercera cette action. Ces accessions de la chose s'entendent aussi des fruits civils tels que les sommes d'argent et les loyers des maisons (3).

Nous avons raisonné jusqu'à présent dans l'hypothèse où le contrat est de bonne foi. Mais si le contrat est *stricti juris*, les fruits, lorsque l'objet est frugifère, ne sont dus qu'à partir de la *litis contestatio* et non à partir de la mise en demeure (4). Il y a exception à cette règle dans le cas d'une *condictio*, lorsque le créancier réclame une chose qui n'a cessé de lui appartenir, les fruits sont dus alors du jour de la mise en demenre.

Il nous reste à signaler une exception à l'exception, c'est-à-dire un retour à la règle générale des actions *stricti juris*, lorsqu'il s'agit d'intérêts de sommes d'argent (5). Cette décision des jurisconsultes repose sur le préjugé que le créancier n'aurait peut-être pas trouvé à placer son ar-

---

(1) Loi 2, § 8. Dig. 13, 4.
(2) Frag. 17, § 1. Dig., livre VI, t. VI, de rei vind.
(3) Fr. 52, § 2. Dig. de usuris.
(4) Frag. 38, § 7. D. de usuris,
(5) Loi 1, Cod. de cond. indeb.

gent s'il l'avait reçu ; c'était aussi en haine pour les mani-
puleurs d'argent dont les opérations avaient été si funestes
dans les premiers temps de la république.

§ Ier

Effets particuliers à la demeure du débiteur.

La mise en demeure du débiteur a pour premier effet de
rendre l'obligation perpétuelle (*perpetuatur obligatio*).
Elle met à la charge du débiteur l'exécution de l'obligation
alors même que son accomplissement est devenu physique-
ment impossible, si la chose a péri par exemple ; c'est que
la dette subsiste désormais indépendamment des accidents
qui peuvent venir en modifier ou détruire l'objet. Le débiteur est devenu responsable des risques, et du moment où,
coupable de négligence, il n'a pas payé ce qu'il devait,
la loi ne lui tient plus compte du cas fortuit (1).

Mulenbruck, parlant des effets de cette demeure, nous
dit : *perpetua efficitur actio breviori temporis spatio alio-
quin peritura.* Pour lui, c'est l'action qui est perpétuée
et son exercice échappe à toute prescription. Il asseoit
cette théorie sur la loi *59, § 5. Dig, mandati* ; mais bien
examinée, cette loi déclare seulement que l'obligation du
mandator pecuniæ credendæ subsiste après l'interpellation, même quand celui qui a contracté l'emprunt vient à
mourir ; elle ne décide aucunement que la prescription
cessera de courir après le dernier acte de poursuite (2).

On a admis un tempérament d'équité au premier effet de
la demeure qui consiste à mettre les risques à la charge du
débiteur. Il semble juste que le débiteur soit exonéré de
cette charge, quand par des preuves irrécusables il démontre qu'il n'est pas coupable de dol et que la chose au-

____

(1) Loi 91, § 3. D. de verb. oblig. Loi 24, § 2. Dig. de usuris.
(2) Fr. 25, § 2. D. 24, 3. — Loi 91. Dig. de verb. oblig.

rait également péri chez le créancier, si ce dernier l'avait eue en sa possession. La demeure ne doit pas être pour le créancier la source d'un bénéfice. Il s'élève toutefois des difficultés sur ce point et Ulpien (1) objecte que le créancier, s'il avait eu la chose entre ses mains, l'aurait peut-être vendue de suite et aurait bénéficié de sa valeur. Il est généralement admis que cette exception ne s'étend pas au possesseur de mauvaise foi, au voleur par exemple qui est *in mora perpetuâ* et à celui qui a agi avec violence (2).

L'obligation est encore perpétuée en ce sens que tous les effets de la demeure s'étendent aux héritiers du débiteur (3).

Si le débiteur est en demeure, ses fidéjusseurs restent tenus (4). La loi *91*, § *4, dig. de verb. obl.*, nous donne cette raison : *quia in totam causam spoponderunt.*

Les peines que le débiteur encourt par l'effet du simple retard dont nous allons exposer les règles, lui sont également applicables après la mise en demeure (*arg. à fortiori*).

§ II.

Effets particuliers à la demeure du créancier.

Le créancier est-il mis en demeure, la position des parties se trouve intervertie. Le créancier prendra désormais à sa charge les dépréciations des objets, et le débiteur ne répondra que des faits graves qui lui seront personnels. Donc s'il s'opère quelques transformations qui viennent amoindrir la valeur de la chose dûe, le créancier seul les

---

(1) Frag. 18, § 3. Dig. VI, 1.

(2) Frag. 16, 20. Dig. de Cond. furtiv. — Frag. 50, D. de furtis ; loi 9, Cod. de furtis.

(3) Frag. 27. Dig. 22, 1. Brumanii coment. in pandecta.

(4) Fr. 24, § 1, D. de usuris. Frag. 88, Dig. 45, 1.

supportera (1). Le créancier sera tenu, en outre, des dommages que son retard a causés au débiteur (2). La loi 1, § 3 *de rei vend.* accorde même au débiteur, qui a fait l'interpellation valable, le droit d'abandonner la chose qu'il doit ou de la répandre si elle est liquide ou de la déposer avec les formes voulues s'il s'agit de sommes d'argent. Cependant nous croyons que cette solution est strictement légale et qu'il vaut mieux adopter la décision fournie par la loi 8 *Dig. de tritico, vino* etc., l'héritier, y est-il dit, qui a mis en demeure de prendre livraison le légataire d'une quantité de vin, ne doit pas le répandre ; mais opposer l'exception de dol si le légataire ne veut pas plus tard supporter les dépréciations de la marchandise et réclame la valeur qu'elle avait avant la demeure.

Dans les obligations qui ont pour objet la prestation de choses *in genere* (tant de mesure de blé) la demeure du créancier a pour effet d'enlever les risques au débiteur. Si la maxime *genera non perunt* ne reçoit pas son application, c'est que le débiteur par ses offres a déterminé la chose qui doit être donnée, l'a spécialisée en quelque sorte et a rendu applicable la règle qui régit les corps certains (3).

Les avantages que le débiteur retire de la mise en demeure du créancier profitent à ses héritiers.

APPENDICE.

Effets du simple retard.

Nous avons déjà dit (page 9) que si l'on stipule accessoirement une clause pénale, lorsque un premier contrat existe déjà, le simple retard mis à l'exécution de ce contrat

(1) Loi 5, § 4, D. de act. empt. —Loi 5, 17, Dig. 18, 6. Arg. de la loi 37, in fine Dig. mandati.

(2) Loi 38, § 1. Dig. de act. empt.

(3) Loi 72, Dig. de solutionibus.

fait encourir la peine stipulée. C'est qu'il importe peu que le débiteur en retard, soit ou non coupable de faute; l'inexécution du contrat primordial est regardée comme condition de la peine, et cette inexécution a-t-elle lieu, la condition est accomplie et la peine doit être subie. Nous aurons l'occasion de développer longuement ce point dans le deuxième sujet qui va suivre (1).

On avait assimilé à la clause pénale la stipulation d'intérêts faite par un créancier d'une somme d'argent pour le cas où il ne serait pas payé à l'échéance (2).

2° En matière de vente le simple retard fait courir les intérêts du prix à l'égard du vendeur qui a fait tradition de l'objet vendu (3); si de son côté, l'acheteur mis en possession jouit de la chose, il est juste de l'autre que le vendeur dessaisi perçoive les intérêts du prix.

3° Si le vendeur, ajoutait un pacte-commissaire au contrat de vente, le simple retard dans le paiement du prix à l'échéance avait pour effet de résoudre la vente indépendamment de toute interpellation (4). Il y avait exception lorsque l'acheteur ne trouvait pas son vendeur pour lui offrir le prix déterminé.

4° Dans les contrats qui ont pour objet un fait à exécuter, le simple retard a pour résultat de remplacer l'accomplissement du fait stipulé par l'obligation de payer des dommages intérêts. Cependant, le plus souvent, le débiteur peut jusqu'au moment où le procès est définitivement engagé entre lui et son créancier (*litis contestatio*) exécuter son fait (5). Nous rappelerons aussi ce que nous avons dit des créances des mineurs et des legs faits aux corporations religieuses. Le simple retard fait courir les fruits

---

(1) Loi 23, proem. Dig. IV, 8. Loi 47, D. 19, 1.
(2) Loi 9, § 1. Dig. de usuris.
(3) Loi 13, § 20. Dig. de act. empt.
(4) Loi 4, § 4. D. de legs commiss. 18, 3.
(5) Loi 84, Dig. de verb. oblig.

et revenus qui leurs sont dûs à partir du décès du testateur (1).

Enfin, le simple retard dans l'acquittement du prix du bail par le locataire ou fermier, si ce retard est prolongé pendant deux ans, donne au propriétaire le droit de demander la résiliation du bail.

SECTION IV.

Purge de la mise en demeure.

Le débiteur purge sa demeure par les offres qu'il fait d'accomplir son obligation si la chose existe encore (2). Nous lisons dans le fr. 91, § 3, *D. 15 , 1 et celsum scribit eum qui moram fecit in solvendo sticho posse emendare eam moram postea offerendo.*

Le créancier purge sa demeure par sa déclaration d'accepter les offres qui lui sont faites. En thèse générale, la demeure d'une partie est purgée par la demeure de l'autre. La dernière seule produit des effets *posterior mora nocua est.*

Mulenbruck semble admettre la possibilité de coexistence de la mora du créancier et du débiteur ; ce qui se présente, quand les parties ne se trouvent pas sur les lieux au jour fixé. Alors, dit-il, on n'a pas à s'occuper des effets de la demeure. Mais la loi 10 D. *de compens,* invoquée à l'appui de cette assertion vise seulement le cas où deux associés se sont rendus coupables de négligence. La loi établit une sorte de compensation entre deux fautes égales et les deux associés n'ont pas à se demander l'un l'autre des dommages. Du reste, on ne peut rationnellement comprendre la simultanéité de la demeure du créancier et du débiteur. Car pour que le débiteur soit en demeure, il faut que le créan-

(1) Loi 46, § 4, D. de episc. et clericis.
(2) Frag. 73, § 1. Dig. 15, 1.

cier soit prêt à recevoir son paiement, d'autre part la demeure du créancier n'existe tout autant que le débiteur s'est présenté chez son créancier pour lui faire des offres valables.

La *mora* est encore purgée par l'accord des parties ; le créancier peut concéder au débiteur de nouveaux délais (1). La *mora* est purgée aussi par la novation de la créance, peu importe que la novation soit conditionnelle et que la condition vienne à défaillir (2).

Enfin, la prescription peut mettre fin à la demeure, loi 23, *pro. D. de recept. IV, 8.*

DE LA CLAUSE PÉNALE (3).

La clause pénale peut être définie : un contrat accessoire et conditionnel ayant pour but d'assurer l'exécution d'une obligation principale (4).

Division du sujet. — Après quelques notions générales du sujet, nous aurons à rechercher : 1° le but de la clause pénale ; 2° sa nature ; 3° à quel moment elle est encourue ; 4° ses effets juridiques.

NOTIONS GÉNÉRALES.

Sans anticiper sur les développements que nous avons à fournir sur la nature de la clause pénale, il convient préalablement de donner une idée générale de cet acte de droit

---

(1) Frag. 8, proem. Dig. 46 ; 2.

(2) Frag. 73, § 2. Dig. de verb. oblig.

(3) Consulter M. Wangerow, p. 334, 342 et les auteurs cités par le même.

(4) Cette définition est conforme à celle de MM. Pellat et Demangeat. Elle est adoptée par notre savant professeur M. Humbert.

et de rendre saisissable la définition que nous avons posée
en abordant l'étude de ce difficile sujet.

Deux parties forment une première convention par la
quelle elles s'engagent à faire ou à donner respectivement
quelque chose. Elles peuvent ensuite en former une seconde
dans laquelle elles stipuleront qu'une somme d'argent ou
autre chose sera donnée par celle des parties qui ne remplirait pas son engagement. Cette stipulation, d'une peine ou
clause pénale se présente, comme un contrat à la fois conditionnel puisqu'il est fait sous la condition qu'une certaine obligation ne sera pas exécutée, et *accessoire* puisque il a été fait en vue de provoquer l'accomplissement
d'une première obligation, et que son existence n'aurait
pas sa raison d'être si les parties n'avaient pas établi une
première convention.

Donnons, à l'appui de ce principe un exemple emprunté
à la loi 71 *Dig. prosocio.*

Épitom. *Alfeni digest.*, loi 71 de Paul, Dig.,
liv 17, titre 2.

Duo societatem coierunt, ut grammatica docerent, et quod ex eo artificio quæstus fecissent, commune eorum esset — de ea re quæ voluerunt fieri, in pacto convento societatis proscripserunt — Deinde inter se his verbis stipulati sunt. Hæc quæ supra scripta sunt, ea ita dari, fieri, neque adversus ea fieri : si ea ita data facta non erunt, tum viginti milia dari. Quæsitum est an si quid contra factum esset, societatis actione agi posset ? Respondit si quidem pacto convento inter eos de societate facto ita stipulati essent. Hæc ita dari fieri spondes ! Futurum fuisse ut si novationis causâ id fecissent pro socio agi non possit, sed tota res in stipulationem translata videretur ; sed quoniam non ita essent stipulati ea ita dari, fieri

Deux personnes se sont associés pour enseigner la grammaire et partager entr'elles le gain qu'elles rétireraient de cette professsion. Après avoir fait ensemble leur convention sur la manière dont leur société serait gouvernée, elles ont stipulé l'une de l'autre en ces termes : Tout ce qui est écrit ci-dessus sera fait et donné comme nous sommes convenus, sans qu'aucun puisse contrevenir à la convention et celui qui ne l'observera pas donnera à l'autre 20,000 livres. On a demandé si dans le cas où un associé aurait contrevenu à la convention, il y aurait lieu à l'action de la société ? Alfenus a répondu : Si après avoir fait leur couvention sur leur société ces deux associés avaient stipulé en ces termes : promettez-vous d'exécuter

spondes sed si ea ita facta non essent, decem dari, non videri sibi rem in stipulationem pervenisse, sed duntaxat pœnam : non enim utriusque rei promissorem obligari. ut ea daret, faceret; et si non fecisset pœnam sufferret et ideo societatis judicio agi posse.

la convention comme elle est convenue ? Il arriverait que si les parties ont eu intention de donner par cette stipulation une nouvelle preuve à leur convention, il n'y aurait plus lieu à l'action de la société; toute cette convention changerait de nature et deviendrait une stipulation. Mais comme ils ne se sont pas servis de ces termes, promettez-vous d'exécuter la convention, mais de ceux-ci : si vous n'exécutez pas la convention vous donnerez telle somme; il croyait que la convention n'avait pas été changée en stipulation, et que la stipulation ne portait seulement que sur la peine, parce que celui qui s'est obligé par cette stipulation n'a point promis en même temps deux choses : l'une d'exécuter la convention et l'autre de payer telle somme ou de se soumettre à telle peine dans le cas où il ne l'exécuterait pas, mais seulement la seconde de ces choses. En conséquence il décide qu'il y aura lieu à l'action de la société.

Deux personnes dans une première convention ont réglé les conditions d'une société, puis est intervenue la stipulation d'une peine de 20,000 livres pour le cas où l'un des associés n'exécuterait pas les clauses de l'acte de société. Le jurisconsulte Paul nous dit que les parties contractantes en stipulant de la manière suivante : si vous n'exécutez pas la convention vous donnerez telle somme, n'ont pas entendu *nover* la première obligation, c'est-à-dire la remplacer par l'obligation pénale ; mais, au contraire, en fortifier l'exécution sous la crainte d'une peine considérable ; et la meilleure preuve que la première convention n'est pas éteinte ni remplacée par la stipulation d'une peine, c'est que l'action de société subsiste toujours et que les parties peuvent l'invoquer. Deux conventions existent donc dans l'espèce prévue par la loi 71, et l'exécution de la deuxième dépend du sort de la première, elle est de plus *accessoire*. On pourrait appliquer ce même raisonnement aux lois 115, § 2, *Dig. de verb. oblig. et 28 Dig. livre 19, tit. 1* (1).

La clause pénale se produisait le plus souvent sous forme de stipulation (2); mais elle pouvait néanmoins résulter d'un pacte joint *(pactum ajectum)* dans le cas de contrat consensuel (vente, louage, société, mandat). Nous trouvons, en effet, dans la loi Dig., livre 18, titre 7, les mots suivants : *Convenit, citra stipulationem ut pœnam prœstaret emptor.* D'après les principes généraux du droit, lorsqu'un pacte est joint *in continenti*, c'est-à-dire immédiatement à un contrat de bonne foi (3), il fait pour ainsi dire partie intégrante de ce contrat et participe de ses effets, *dat legem contractui*, dit Ulpien, loi 7, § 5, livre 2, t. 14 Dig. Il peut augmenter ou diminuer l'obligation des parties et il est protégé par l'action du premier contrat.

En général, la loi n'intervient pas pour limiter la liberté des parties contractantes dans la fixation du montant de la clause pénale. S'il en était autrement, le législateur aurait méconnu le vrai but de la clause pénale. Puisque les parties, en stipulant une somme très élevée, n'ont

---

(1) Nous aurons pourtant à signaler une dérogation à cette règle générale en étudiant à la page 49 les lois 44, § 6, de verb. oblig. — 115, § 2, inf. Cod. — 1, § 8, D. 35, 2. — 24, Dig. 36, 2. Dans tous ces cas, lorsque la dette principale est née d'une stipulation suivie, d'une clause pénale, il y a présomption que la peine seule peut être réclamée.

(2) La stipulation donnait naissance aux obligations *Verbis*. C'était une formule verbale à laquelle répondait une personne légalement interrogée. Promettez-vous de donner cent? Je le promets. Les parties mises en présence pouvaient mieux apprécier l'étendue des sacrifices qu'elles s'imposaient.

(3) Ces quatre contrats consensuels étaient aussi de bonne foi. Ils engendraient des actions dans lesquelles le juge avaient un pouvoir d'appréciation très-étendu.

le plus souvent d'autre motif que d'assurer l'exécution de leurs engagements. Cependant, lorsque sous une clause pénale ajoutée à un contrat de prêt, se dissimulent des intérêts usuraires, la loi décide sagement que le montant de la clause pénale ne saurait excéder le taux de l'intérêt. Loi 44, D. *de usuris*.

La clause pénale ne peut être utilement stipulée pour assurer l'accomplissement d'actes réprouvés par la loi ou la morale. Ainsi, suivant l'avis de Julien, nous déclarerons nulle la clause qui tendrait à enlever au testateur la liberté qu'il a de disposer de sa succession suivant sa volonté — *stipulatio hoc modo concepta si hœredem me non feceris tantum dare spondes? Inutilis est quia contra bonos mores est hœc stipulatio (1).*

Est également nulle la clause qui aurait pour but d'atteindre le principe de la liberté des mariages (loi 134 D. *de v. obl.*) et celle qui aurait pour but de favoriser une action honteuse (loi 123 *de v. oblig..*).

Mais la clause pénale sera valable quand elle a été écrite pour provoquer le triomphe d'un résultat moral. Voici ce que nous lisons dans la loi 121, § 1, D. *de v. obl. : Mulier ab eo in cujus matrimonium conveniebat stipulata fuerat ducenta si concubinœ tempore matrimonii consuetudinem repetisset : nihil causa esse respondit Papinianus cur ex stipulatu quœ ex bonis moribus concepta fuerat mulier impleta conditione pecuniam, adsequi non possit.* Une telle stipulation, de l'avis du prince des jurisconsultes est donc parfaitement valable.

____

(1) Loi 61. D. de Verb. oblig.

CHAPITRE Ier.

Quel est le but et l'utilité de la clause pénale

Nous sommes arrivés à considérer la clause pénale comme étant une sanction pénale subordonnée à une volonté privée. En effet, le promettant sera poussé, par la crainte de payer la peine. à faire ce qu'a demandé le stipulant.

La clause pénale présente donc un premier avantage, celui d'assurer, autant que possible, l'exécution de l'obligation principale.

Comme deuxième avantage, elle facilite au créancier la poursuite des droits qui dérivent de la convention principale. Ce dernier résultat consiste en ce que le créancier est dispensé de faire la preuve, souvent difficile et incertaine, du montant de son intérêt.

Une personne peut s'obliger donner, à faire ou à ne pas faire une chose. Dans le cas de l'obligation de faire, si nous supposons, par exemple, un peintre qui, s'étant chargé de faire un portrait n'exécute pas sa promesse ; son obligation, dans notre droit français, se résout en dommages et intérêts. Le créancier, qui, dans l'espèce, à droit au portrait, est admis à venir devant le juge préciser le *quantum* des dommages et à prouver toute l'étendue du préjudice que lui a causé l'abstention du débiteur. Il n'en était pas *toujours* ainsi en droit romain. Dans les actions *stricti juris* comprenant les *condictiones,* ou actions personnelles, par lesquelles quelqu'un prétend qu'on doit lui donner ou faire quelque chose, le *jusjurandum in litem* n'était pas admis de la part du demandeur. Ce dernier, dans l'instance *in judicio* ne pouvait indiquer au juge le montant précis du dommage souffert. C'est alors que les parties prévoyant le cas où le fait promis serait inexécuté, déterminaient d'avance par la stipulation d'une peine la somme que le débiteur serait tenu de payer s'il n'exécutait pas son obligation. La clause pénale garantissait de la sorte l'intérêt que le demandeur avait à ce que le défendeur exécutât sa promesse. Cet intérêt était fixé d'avance par la clause pénale et le demandeur réclamait le montant de la clause si le débiteur ne tenait pas sa promesse (1).

Nous trouvons ce principe formulé d'une manière générale au § 7 des Instituts de Justinien, *de v. oblig.*

Non solum res in stipulatum deduci possunt, sed etiam facta ; ut si stipulemur, fieri aliquidvel non fieri. Et in hujusmodi stipulationnibus optimum erit pænam subjicere, ne quantitas stipulationis in incerto sit, ac necesse sit actori probare, quid ejus intersit. Itaque, si quis, ut fiat aliquid stipuletur, ita adjici pœna debet : Si ita factum non erit, tum pænæ nomine decem aureos dare spondes ? Sed si, quædam fieri, quædam non fieri, unâ eadem que conceptione stipuletur, clausula erit hujus modi adjicienda : Si adversus ea factum erit, sive quid ita factum non erit, tunc pænæ nomini decem aureos dare spondes ?

Non seulement, on peut stipuler de choses, mais encore des faits ; si nous stipulons, par exemple, qu'on fera ou qu'on ne fera pas. Dans les stipulations de ce genre, il sera excellent d'ajouter une clause pénale, pour éviter qu'il y ait incertitude sur la somme, et que le stipulant n'ait pas approuvé la mesure de son intérêt. Si quelqu'un stipule donc un fait, il devra ajouter ainsi la clause pénale. — Si vous ne le faites pas, promettez-vous de me donner 10 à titre de peine ? De même, si on stipule tout à la fois des faits et des abstentions, il faudra ajouter une clause dans le genre de celle-ci : Si vous agissez contrairement à la convention, ou bien si vous n'agissez pas dans tel sens, promettez-vous de me donner 10 à titre de peine ?

C'est donc, comme on le voit dans ce texte, pour éviter l'incertitude sur les évaluations que fera le juge et pour que le stipulant soit dispensé de prouver la mesure de son

____

(1) Chez nous tous les contrats étant de bonne foi, le créancier n'aura jamais à souffrir de l'inexécution d'une obligation de faire. C'est donc à tort que les rédacteurs du Code Nap. en édictant l'article 1226, semblent revenir aux principes du Droit romain.

intérêt que l'on invite les parties qui stipulent un fait à stipuler aussi une clause pénale.

M. Molitor (1) prétend que, dans l'origine, toute stipulation portant sur un fait, ou une abstention, était nulle si on n'y joignait une clause pénale, parce que la stipulation devait avoir pour objet quelque chose de certain et que la stipulation d'un fait était incertaine.

Cas de l'obligation de donner. — Quand l'obligation avait pour objet la dation de choses indéterminées, la stipulation d'une clause pénale était encore avantageuse au créancier. C'est ce que nous apprend Venuleius, loi II, *Dig. de stip prœt.* dans les termes suivants : *in ejusmodi stipulationibus quœ quanti res* (autant qu'est la chose) *promissionem habent, commodius est certam summam comprehendere quoniam, plerumque difficilis probatio est quanti cujusque intersit, et ad exiguam summam deducitur.* Le créancier en faisant déterminer d'avance la somme que devra le débiteur, n'a pas à craindre que le *judex*, ou les récupérateurs, n'estiment trop peu l'intérêt qu'il a à ce que le débiteur exécute sa promesse.

Dans les obligations de donner des choses corporelles, ou des sommes d'argent, la stipulation d'une clause pénale présentera une utilité incontestable pour le créancier, en le préservant des redoutables effets d'une plus *petitio*. Nous savons, en effet, que pendant toute la durée du système formulaire, jusqu'en 294, époque à laquelle une constitution de Dioclétien vint généraliser le système des *cognitiones extraordinariœ*, la procédure resta divisée ; il y eut l'instance devant le magistrat et l'instance devant le juge. Le créancier qui faisait un procès à son débiteur devait s'adresser d'abord au préteur, et obtenir de lui une formule où se trouvaient résumées les questions diverses dont il fallait donner la solution. La formule était conçue en ces termes : *S'il paraît que Numerius Wejidius doive dix, con-*

(2) Argument de la loi 68, de verb. oblig., Dig., liv. 45, t. I.

damne-le, s'il ne paraît, pas absous-le. Quelque minime que fût l'exagération du demandeur le défendeur gagnait son procès, car les parties en se transportant devant le *judex* (sorte de jury pris dans les diverses classes de citoyens) n'avaient qu'à vider une question de fait. Le *judex*, s'il est certain que Numerius Wejidius doit neuf seulement, déclarera *non paret* que la prétention du demandeur n'est pas fondée ; et si ce dernier veut recommencer le procès, on lui opposera l'exception de la chose jugée.

Le créancier avait sans doute une faible ressource dans la *minus petitio* qui consiste à demander moins ; il divisait son action et réclamait une partie de son droit, sauf à intenter une nouvelle action pour le surplus, mais avec le temps on vint à lui opposer l'exception *litis dividuæ* et sa nouvelle demande fut renvoyée à une autre préture, c'est-à-dire à l'année suivante.

Le créancier qui avait stipulé une clause pénale et avait réglé d'avance le montant de son droit, avait un moyen excellent d'éviter ce double inconvénient: en venant réclamer la délivrance d'une formule, il fixait sa prétention à la somme indiquée par la clause pénale. De cette manière l'*intentio* de la formule devenue certaine, la prétention du demandeur n'était pas exagérée. On ne pouvait donc opposer une *plus petitio* au créancier, qui de l'aveu de son débiteur, ne venait réclamer que ce qu'on lui devait, c'est-à-dire une somme déterminée qui formait l'objet d'une stipulation certaine.

3° La clause pénale est encore utile dans le cas où deux personnes veulent assurer une prestation qui doit être faite à un tiers, ou par un tiers. Voici ce que nous lisons dans la loi 38, § 17 *Dig. de v. oblig.*

Alteri stipulari nemo potest præterquam si servus domino, filius patri stipuletur. Inventæ sunt enim hujusmodi obligationes ad hoc ut unusquisque sibi adquirat quo sua	Personne ne peut stipuler pour un autre excepté l'esclave pour son maître, le fils pour le père. Car, ces sortes d'obligations ont été inventées pour que chacun acquière

interest ; cæterum ut alii detur nihil interest meâ. Plane si velim, hoc facere pœnam stipulari convenit : ut si ita factum non sit ut comprehensum est committetur stipulatio etiam ei, cujus nihil interest, pœnam enim cum stipulatur quis, non illud inspicitur quid intersit, sed quæ sit quantitas, quæquæ conditio stipulationis. Ergo si quis stipuletur titio dari, nihil agit, sed si addiderit de pœnâ ; nisi dederis tot aureos dare spondes, tunc committitur stipulatio.

ce qui l'intéresse. Je n'ai point d'intérêt que l'on donne à un autre. Si je veux le faire, il conviendra que je stipule une peine, afin que, si l'on n'a pas fait ce qui a été convenu, l'action de stipulation soit ouverte même à celui qui n'a aucun intérêt. Car , lorsque quelqu'un stipule une peine, on n'examine pas quel est son intérêt, mais quelle est la quantité , quelle est la condition de la stipulation. Si donc quelqu'un stipule qu'on donnera à Titius, la convention est nulle, mais s'il ajoute la clause pénale : promets-tu de me donner tant de pièces d'or si tu n'exécutes pas ? alors la stipulation produit son effet.

Comme on le voit par cet exemple, une simple clause pénale suffit pour rendre efficaces toutes les stipulations pour autrui. Ici la prestation à faire à une tierce personne est présentée comme une condition dont la non arrivée doit donner au créancier le droit d'exiger une peine du débiteur. Lorsqu'on promet le fait d'autrui, on peut encore pour garantir l'exécution de sa promesse, se soumettre à une peine. C'est ce qu'on appelle dans la pratique, *se porter fort*. La même loi 38, § 2, nous dit en effet : *Si quis velit factum alienum promittere, pœnam vel quanti ea res sit potest promittere.*

Enfin la clause pénale était encore utile lorsqu'elle accompagnait un compromis. Deux parties désireuses de mettre fin à une contestation venaient s'en référer à la décision d'un arbitre qu'elles avaient choisi. Mais elles restaient libres d'exécuter ou non la convention arbitrale, car on n'avait pas admis la possibilité d'une obligation directe résultant de cet accord ; par un effort de la jurisprudence (*disputatio fori*) on avait obtenu le moyen de rendre efficace une telle convention en engageant les parties à stipuler une clause pénale.

C'est ce que nous apprend Ulpien dans les termes suivants : loi II, Dig. liv. 4, t. 8.

Quod ait prœtor pecuniam compromissam ; accipere nos debere, non si quod ait proetor utrimque pecunia nummaria sed si et alia res vice pœnœ si quis arbitri sententia non steterit, promissa sit.

CHAPITRE II

Nature de la clause pénale.

On a produit trois systèmes différents sur la nature de la clause pénale.

Nous avons donné une idée générale de l'un d'eux, en définissant la clause pénale une stipulation accessoire d'une obligation principale. Deux contrats existent, et le second a pour fin d'assurer l'exécution du premier. Ce système est le seul qui résiste à toutes les critiques et s'harmonise avec les textes des lois romaines. Du reste, il paraît aujourd'hui irrévocablement admis, grâce à des travaux récents d'un savant professeur de droit à Heidelberg M. de Wangerow, dont l'opinion a été accréditée par les romanistes de nos écoles.

Cependant, MM. Ducaurroy et Wolf ont produit un système fort ingénieux basé sur plusieurs lois romaines, et d'après lequel la clause pénale serait une stipulation conditionnelle mais principale, de telle sorte, que le sort de la clause pénale ne dépendrait plus du sort de l'obligation principale ; celle-ci pourrait être nulle, et cependant, l'obligation pénale reste valable. Nous examinerons ce système qui appelle au moins une réfutation.

Pothier, dans son *Traité des obligations* nous a développé un troisième système. Il envisage la clause pénale comme une convention secondaire par laquelle les partis règlent d'avance le montant des dommages et intérêts dûs pour la non-exécution de l'obligation principale. C'est une sorte de forfait rendu obligatoire, susceptible d'aucune modification. Nous dirons quelques mots de ce troisième système qui a pris place dans notre Code Napoléon, art. 1229-1230. Revenons au premier de ces systèmes.

La clause pénale *est une stipulation accessoire d'une obligation principale*. On est en effet amené à penser que lorsqu'un contrat survient après un autre pour en fortifier l'effet, un lien s'établit entr'eux, et que si la promesse primitive est nulle, la stipulation d'une clause pénale n'a plus d'utilité, car il est de la nature des choses accessoires de ne pouvoir subsister sans la chose principale. C'est là un principe général de droit, rapporté dans la loi 129 *de reg. Juris : quum causa principalis non consistit ne ea quidem quæ sequuntur locum obtinent*. Un auteur moderne (1) justifie cette raison de droit en ces termes : « L'obligation pénale étant l'obligation d'une peine stipulée
» en cas d'inexécution de l'obligation principale, si celle-
» ci n'est pas valable, l'obligation pénale ne peut avoir
» lieu. Car, il ne peut pas y avoir de peine de l'inexécu-
» tion d'une obligation qui, n'étant pas valable, n'a pu ni
» dû être exécutée. »

La loi 69, D. *de v. oblig.* contient un exemple qui vient à l'appui de notre assertion.

Si homo mortuus sisti non potest, nec pœna rei impossibilis committetur : quemadmodum si quis stichum mortuum dare stipuletur, si datus non esset, pœnam stipulatur.	Si un homme mort ne peut être présenté en jugement, la peine d'une chose impossible ne sera pas encourue, de même que si quelqu'un ayant stipulé qu'on lui donnerait Stichus qui est mort, stipule une peine pour le cas où on ne le lui donnerait pas.

Un individu a promis de donner ou de représenter l'esclave Stichus, et puis, de payer une certaine somme à titre de peine pour le cas où il ne donnerait pas l'esclave ; mais

____
(1) Pothier, des obligations.

l'esclave étant mort au moment de cette première convention qui n'a pu naître faute d'objet, le texte déclare que
dans le cas où l'obligation principale n'existe pas, la clause
pénale ne peut être encourue. On arrive à cette conclusion,
que la seconde stipulation est dépendante de la première et
que la clause pénale n'est qu'un accessoire de l'obligation
principale. M. Ducaurroy a présenté une réfutation de cette
loi 69. — Pour lui, si le promettant n'encourt pas la peine,
ce n'est pas parce qu'il ne doit pas l'esclave, mais parce que
la condition de la clause pénale n'est pas accomplie.
L'inexécution que les parties ont prévue et dont elles ont
fait dépendre la peine, est l'inexécution volontaire de
l'obligation provenant de la faute ou du fait du débiteur.
L'on conçoit donc aisément que l'inexécution d'une promesse impossible ne donne pas ouverture à la clause
pénale.

Nous répondrons que le texte est conçu en termes généraux et explicites. La première obligation n'a pu se former
puisque l'esclave était mort, lorsque le promettant s'est
engagé à le livrer ; c'est vainement qu'on recourrait à une
sanction spéciale pour garantir l'éxécution d'un droit qui
n'a jamais existé — *poena rei impossibilis non committetur*. — La loi dans ses deux paragraphes ne dit rien de
plus.

Du reste, appuyons notre théorie d'un second exemple emprunté à la loi 134, D. *de v. oblig.*

Titia quæ ex alio filium habebat, in matrimonium coït Gaio Scio habenti filiam et tempore matrimonii consenserunt ut filia Gaii Seii filio Titiæ desponderetur et interpositum est instrumentum ; et adjecta pœna, si quis eorum nuptiis impedimento fuisset ; postea Gaius Scius constante matrimonio diem suum obiit, et filia ejus noluit nubere. Quæro an Gaii Seii hæredes teneantur ex stipulatione ? res-	Titia qui avait un fils d'un premier mari, a épousé Gaius Seius qui avait une fille ; et au temps de leur mariage, ils conviennent que la fille de Gaius Seius serait fiancée au fils de Titius, et l'on en redigea un acte, et l'on ajouta une peine au cas que quelqu'un mit empêchement à leur mariage. Ensuite Gaius décéda pendant son mariage et sa fille ne voulut pas épouser son fiancé. Je demande si l'héritier de

<table>
<tr><td>

pondit, ex stipulatione quæ proponeretur, cùm non secundum bonos morés interposita sit, agenti exceptionem doli mali obstaturam quia inhonestum visum est, vinculo pœnæ matrimonia obstringi, sive futura, sive jam contracta.

</td><td>

Gaius Scius est obligé par cette stipulation? Il a répondu que si l'on agissait en vertu de cette stipulation qui n'était pas dans les bonnes mœurs, on pouvait lui opposer l'exception de dol, parce qu'on a regardé comme malhonnête de gêner par le lien d'une peine, des mariages à faire ou même déjà contractés

</td></tr>
</table>

Cette loi nous parle de deux individus qui ayant des enfants les ont fiancés. La convention intervenue à ce sujet est nulle comme faite contrairement aux bonnes mœurs et à la liberté des unions. Il n'y a pas d'obligation pour les parties, et dès lors, point d'action pour sanctionner un engagement qui n'existe pas. Si l'on stipule une peine comme moyen de coercition, le texte la déclare nulle.

Mais pourquoi? C'est par cette seule raison que le contrat primordial n'a pu prendre naissance. Il existe donc une affinité, un lien de relation entre ces deux conventions, et il est vrai de dire encore que la clause pénale né forme qu'une convention accessoire de celle qui a été créé la première.

2ᵉ *Système de MM. Wolf et Ducaurroy.*

Ces deux auteurs s'accordent à voir dans la clause pénale un contrat conditionnel que les parties forment en vue d'assurer l'exécution d'un premier engagement, et qui ne vient à effet, que lorsque ce premier engagement n'est pas fidèlement rempli ; mais la clause pénale n'est plus l'accessoire d'un contrat principal, Elle forme un contrat distinct, dont la validité n'est pas assujétie à celle du contrat principal. La clause pénale a une existence parfaitement indépendante. Ce n'est plus un rameau de l'arbre, mais un arbre lui-même, qui se soutient de ses propres racines.

A l'appui de leur thèse, ces illustres maîtres tirent un argument du § 19 *de v. oblig. Insl. de Jusl,* reproduit par la loi 38 , § 17 *de v. oblig.* déjà cité. Voici l'argument en abrégé.

Si je stipule au profit de Titius, la stipulation ne produit aucune action, ni pour Titius, parce qu'il est étranger à la convention, ni pour moi, parce que je suis sans intérêt. On ne peut donc stipuler pour autrui; mais dans ce cas, on peut ajouter à la stipulation inutile une clause pénale ; le stipulant aurait alors un intérêt évident, et par suite, une action pour demander non la chose qu'il a stipulée pour Titius, mais la peine qu'il a stipulée pour lui-même. Cette peine sanctionne ici la convention, qui, par elle-même, n'a rien d'obligatoire, elle est encourue pour inexécution d'une stipulation inutile, indépendamment de l'intérêt qu'elle peut offrir au stipulant. Comment concevoir, dès lors, que la clause pénale soit l'accessoire d'une convention qu'elle sanctionne et qui peut être nulle.

Pothier (1) a essayé de répondre à cet argument, qui , sous l'apparence d'une grande force , nous a un moment arrêté. — Si l'obligation pénale dans le cas prévu est valable , la raison en est que l'obligation principale est nulle en ce cas, que parce que le débiteur y peut impuné-ment contrevenir , celui envers qui elle a été contractée, n'ayant en ce cas aucuns dommages et intérêts à préten-dre en cas d'inexécution, l'obligation pénale qui est ajoutée, purge ce vice en empêchant le débiteur d'y pouvoir con-trevenir impunément.

Cette raison ne dit pas suffisamment à l'esprit les cau-ses qui sans toutefois porter atteinte à notre principe, qui veut que l'accessoire subisse le sort du principal, viennent tout au moins l'obscurcir. — Nous pouvons faire une double réponse à l'argument de M. Ducaurroy. Et d'abord, est-il bien vrai de dire que la stipulation d'une somme à titre de peine peut venir utilement assurer l'exécution d'une obliga-tion que l'on regarde comme inexistante. Nous ne le pen-

---

(1) Des obligations, n° 339.

sons pas, n'ayant jamais compris l'intervention d'un droit sanctionnateur sans l'existence du droit déterminateur. Tout au moins, devrait-on dire que la première obligation est seulement inéfficace, et que si la loi lui refuse sa sanction ordinaire qui est l'action, c'est par des motifs spéciaux qu'il sera aisé d'indiquer. Cette première obligation revêtant le caractère d'une obligation naturelle, serait susceptible d'être renforcée par la stipulation d'une clause pénale ; en ce cas, notre théorie ne serait aucunement atteinte. Comme deuxième réponse, nous dirons que dans l'espèce prévue par le § 19 *aux institutes*. Si vous ne donnez pas à Titius, me promettez-vous cent pièces d'or? Une seule obligation existe Le stipulant a une créance conditionnelle ; il recevra cent, si on ne donne pas à Titius. Le débiteur est soumis à une dette alternative. Mais pourquoi le texte déclare-t-il que celui qui stipule seulement *titio dari — nihil agit ?* C'est parce que le droit romain avait maintenu pour les obligations la règle qui prohibait la représentation des personnes libres par d'autres personnes libres (1), règle formulée en ces termes : *nul ne représente autrui dans les actes juridiques.*

La raison de ce principe, nous dit le texte, est que chacun doit acquérir ce qui l'intéresse. Il suffit donc que le stipulant ait un intérêt quelconque pour que la convention qu'il forme, produise des effets valables ; et c'est ce qui a lieu du moment où la clause pénale est intervenue. Ce n'est plus par simple représentation que le stipulant interroge où que le promettant répond, il n'y a plus convention pour autrui, mais bien convention pour les parties elles-mêmes, et il importe peu qu'un tiers profite des conséquences de l'acte juridique ; ce qui domine, c'est l'intérêt de ceux qui figurent directement dans le contrat.

Si nos explications paraissent plausibles, le § 19 ne peut servir d'appui à ce deuxième système, puisque dans

(1) Voyez de Fresquet, tome II, page 126.

l'espèce il n'y a pas une obligation nulle et une clause pénale valable. Mais un seul contrat entraînant une créance conditionnelle et une dette alternative. La clause pénale ne renforce pas ici un obligation, mais elle l'a crée.

M. Ducauroy emprunte en faveur de sa thèse un autre exemple à la loi 22, *Dig. ad legem aquiliam*.

<table>
<tr><td>Proinde si servum occidisti, quem sub pœnâ tradendum promisi, utilitas venit in hoc judicium, etc., etc.</td><td>Ainsi, si vous avez tué un esclave que je m'étais engagé à livrer sous la stipulation d'une peine pécunière, le juge y aura égard en prononçant.</td></tr>
</table>

Cette loi déclare que lorsqu'on a tué un esclave qu'une personne s'était engagée de livrer sous peine de payer une somme d'argent, cette personne peut obtenir par l'action de la loi aquilia, non seulement la valeur réelle de cet esclave, mais l'*utilitas*, c'est-à-dire l'intérêt qu'elle avait à ce que l'esclave ne périt pas; en deux mots, le montant de la peine promise. Mais si le promettant reste tenu de la peine après la mort de l'esclave, il faut déclarer nécessairement que la stipulation de la clause pénale survit à l'extinction de l'obligation principale et qu'elle n'est plus l'accessoire de cette dernière.

Nous répondons avec M. de Wangerow que la loi 22 ne se réfère pas à un vrai cas de clause pénale, mais à une simple obligation, *cum facultate solutionis*. Dans ce cas le véritable objet de l'obligation étaient les 100 *aurei* promis, à défaut desquels l'esclave serait livré. L'esclave était *in facultate solutionis*. Dans les obligations facultatives un seul objet est dû, mais le débiteur a le choix entre deux objets pour acquitter son obligation. La loi 68, *Dig. de v. oblig.*, nous fournit un argument frappant d'analogie. *Si ita stipulatus sim si fundum non dederis, centum dare spondes? Solo centum in stipulatione sunt, in exsolutione fundus.* Une dette facultative existe et la peine est seule comprise dans l'obligation.

Le débiteur a un simple moyen d'éviter l'application de la peine; celui de donner la chose.

3ᵉ *Système.*

Suivant le système de Pothier (1) qui a servi de guide aux rédacteurs du Code Napoléon, la clause pénale serait stipulée dans l'intention de dédommager le créancier des torts que lui cause l'inexécution d'une obligation principale; elle serait par conséquent compensatoire des dommages-intérêts, dérivant du défaut d'exécution d'une obligation (art. 1229 C. N.). Les parties déterminent ainsi d'avance par un accord intervenu la quotité à payer, si elles ne remplissent pas leur engagement respectif.

De ce principe résultent les conséquences suivantes :

1° La peine ou clause pénale ne sera encourue par le débiteur que lorsqu'il aura été mis en demeure d'exécuter l'obligation principale (art. 1230 C. N.). Nous avons indiqué *supra* les conditions constitutives de la mise en demeure;

2° Le montant de la clause stipulée à titre de forfait, doit être payé en son entier, quand même les dommages n'atteindraient pas ou dépasseraient le chiffre prévu par les parties dans la clause pénale. Le créancier qui vient réclamer l'exécution de la peine, n'est pas même tenu de justifier le dommage qu'il éprouve par le fait de son débiteur.

Pothier (n° 345) n'a pas voulu admettre cette deuxième conséquence de son système. Il déclare que la peine stipulée en cas d'inexécution de l'obligation, peut, lorsqu'elle est excessive, être réduite et modérée par le juge. Il se fonde sur une décision de Dumoulin qui veut que lorsqu'un débiteur se soumet à une peine exagérée, il y ait lieu de présumer que « c'est la fausse confiance qu'il a, qu'il ne

(1) Des obligat., n° 342.

» manquera pas à cette obligation qui le porte à se sou-
» mettre à cette peine ; qu'il croit ne s'engager à rien en
» s'y soumettant, parce qu'il croit que le cas de cette
» peine n'arrivera pas ; qu'ainsi le consentement qu'il
» donne à l'obligation de cette peine excessive, étant
» fondé sur une erreur et sur une illusion, n'est pas valable. » Donc on doit réduire la clause pénale à la valeur
correspondant au montant des dommages éprouvés.

Azon professait une opinion différente de celle de Dumoulin, et était d'avis que la peine conventionnelle stipulée, pour éviter toute contestation sur l'apréciation du
préjudice causé, ne devait pas être sujette à modération.
Quelque excessive que soit la somme convenue, le débiteur
ne peut disconvenir qu'il a entendu s'y obliger, du moment
où il a déclaré formellement cette volonté dans un acte
écrit. Les rédacteurs du Code Napoléon ont admis toutes
les conséquences rationnelles d'un système qu'ils adoptaient
et ont consacré, l'opinion d'Azon en édictant l'art. 1152.

Il est un cas cependant où le juge devra réduire le montant de la peine, art. 1153. Nous l'avons déjà signalé en
parlant des lois qui prohibent l'usure.

Mais les conséquences de ce troisième système sont
inadmissibles en Droit romain.

1° La clause pénale est encourue sans qu'il soit besoin
de mettre le débiteur en demeure. Cela résulte surtout du
frag. 115, § 2, *D. dev. oblig.* Papinien nous déclare dans cette
loi que Pegasus et Sabinus étaient d'un avis différent sur
le point de savoir à quel moment la stipulation d'une peine
était commise. Pegasus voulait que dans le cas de l'obligation de donner, un esclave par exemple, la peine ne fut
encourue avant qu'eût cessé la possibilité de donner l'esclave. Sabinus pensait que l'action était ouverte aussitôt
que l'homme a pu être donné (*postquam homo potuit
dari confestim agendum*), et c'est cette dernière opinion
que Papinien admet. Il est évident que si la peine est com-

mise au même instant où l'obligation a pu être exécutée, la mise en demeure n'est d'aucune nécessité.

2° En Droit romain nous verrons en étudiant bientôt les lois 28, *Dig. de act. empti* et 41-42, *Dig. pro socio*, que lorsque la clause pénale était inférieure au dommage réel, le créancier qui avait intenté l'action résultant de la clause pénale, pouvait demander le surplus par l'action que lui conférait le contrat principal. Nous avons dit qu'il en était autrement dans ce dernier système où les parties en formant une sorte de contrat aléatoire, se soumettent à toutes les chances de gain et de perte qui peuvent survenir.

CHAPITRE III.

Quand la clause pénale est-elle encourue ?

Dès que l'échéance de l'obligation principale est arrivée l'inexécution de cette obligation donne au créancier le droit de réclamer la valeur insérée dans la clause pénale. Ainsi, la dette principale avait-elle pour objet une abstention du débiteur ; du moment où ce débiteur aura agi contrairement à ce qu'il a promis la clause pénale sera encourue. Dans ce cas particulier, les parties agiront sagement en fixant un terme jusqu'auquel le débiteur devra s'abstenir, s'il veut éviter la peine. Si cette fixation n'a pas lieu, la clause pénale ne sera *défaillie* qu'au moment où l'acte sera devenu impossible (1).

Si l'obligation consiste à faire dans un certain délai, le délai passé, la clause pénale est encourue. L'échéance du terme suffit pour le stipulant ait le droit de demander la peine sans mettre le promettant en demeure. La loi 77 *de v, oblig.* nous fournit un argument *a fortiori : ad diem sub pœna pœcunia promissâ et ante diem mortuo pro-*

---

(1) Lois 115, 51, § 2. Dig. de Verb. oblig., 45, 1.

missore committetur pœnâ licet non sit hœreditas ejus adita. On suppose que le créancier d'une obligation à terme au moment où l'échéance est arrivée ne trouve personne qu'il puisse constituer en demeure, puisque les héritiers n'ont pas fait encore addition d'hérédité. La peine stipulée n'en est pas moins dûe — *committitur pœna (1).*

Cette décision de la loi 77 et de la loi 115, § 2 déjà citée, est une preuve manifeste que dans la plupart des cas on regarde la peine comme formant l'objet d'une obligation qui devient exigible, même en l'absence de toute faute imputable au débiteur, dès qu'un certain événement se trouve accompli. C'est que le plus souvent on s'attache à la lettre de la stipulation, au fait ou à l'abstention en elle-même. Comme condition de la peine, et peu importe alors que l'impossibilité existe, le débiteur ne peut arguer de l'impossibilité où il s'est trouvé d'exécuter sa promesse. Le § 19 aux *institutes* déjà cité dit, en effet : *pœnam cum stipulatur quis inspicitur quœ sit conditio stipulationis (2).*

Ainsi, dans le cas d'un terme préfixe pas de sommation, et le débiteur ne peut être déchargé de la peine en venant après l'expiration du terme exécuter l'obligation principale (3). Des jurisconsultes romains trouvant ce résultat fort rigoureux voulaient que la mise en demeure du débi-

---

(1) La loi 115, D. de V. oblig., décide encore que dans l'obligation de faire la peine est dûe avant l'expiration du terme dès qu'il devient certain, que le fait ne s'accomplira pas dans le terme préfixe.

(2) Cependant, par exception, les jurisconsultes romains se rattachant au but de la *Cl. P.*, qui est de provoquer à un fait ou une abstention. reconnaissaient que dans les cas où la convention principale était de bonne foi, on devait se conformer à l'équité qui exige la faute du débiteur et décider que la peine ne serait pas encourue quand le fait ou l'asbtention étaient devenus impossibles. Loi 2, § 1 ; loi 4, proe. et § 1. D. 2, 11. — Loi 21, § 9, de receptis, 4, 8. — Loi 69, D. de V. oblig. — Loi 122, § 5, de V. oblig.

(3) Loi 23, Dig., liv. 44, 7.

teur produisit seule ces effets si graves. De là des controverses nombreuses dans la doctrine, — Justinien y mit fin en tranchant définitivement ces difficultés, dans un sens favorable à l'opinion de Sabinus et de Paul. — Loi 12, cod. liv. 8, tit. 38, *imp. Sever. et Antonin.*

Désormais, la clause pénale est dûe à partir de l'échéance du terme. Cependant, dans un seul cas Justinien, a adopté l'opinion contraire plus équitable et moins sévère, en déclarant que les cautions ne seraient obligées qu'après la mise en demeure du débiteur (1). Pothier (des obligations nº 349 *in fine.*) reconnaît que selon les usages du temps l'interpellation qui constitue la mise en demeure est nécessaire pour donner ouverture à la peine. Et les rédacteurs de notre Code Napoléon ont généralisé ce système dans l'art. 1230.

Quid si l'on n'avait pas fixé de terme pour l'exécution de l'obligation? La loi 115 *v. oblig.* prévoit ce cas en en signalant la controverse entre Sabinus et Pégasus et le triomphe de l'opinion de Sabinus qui veut que le débiteur qui a eu un moment la possibilité morale d'exécuter l'obligation paye la valeur de la clause pénale qui est interprètée rigoureusement dans l'intérêt du créancier.

SECTION IV.

Effets de la cause pénale encourue.

Mulenbruck à ce sujet s'exprime ainsi : — *pœnâ commissâ in arbitrio est creditoris utrum pœnam persequi anjus ipsum malit ex conventione, nam de utroque simul agere plerumque nequit* (2). Comme on le voit, d'après cette citation fort exacte, le rapport qui unit la clause pé-

---

(3) Loi 2, D., 2, 11. — Loi 4, D., liv. 2, 8.

(1) Loi 4, § 7. D. 44, 4. — Loi 10, § 1, D. de pactis 2, 4. — Loi 12, § 2, D. 23, 4.

nale à la convention principale est un rapport le plus souvent *alternatif*. Le créancier a le choix entre deux actions : il peut poursuivre l'exécution de l'obligation principale ou réclamer le paiement de la clause ; dans les contrats de bonne foi le créancier a de plus la faculté, dans le cas où après avoir intenté l'action de la clause pénale, il n'est pas couvert du préjudice qu'il a subi, de recourir à l'action qui nait de l'obligation principale dans la limite du *surplus* des dommages sans pouvoir cumuler le bénéfice de ces deux actions. Loi, 42 *Dig. pro socio*. Il ne faut pas oublier, en effet, que la clause pénale est destinée à assurer l'exécution de l'obligation, et ne doit pas nuire au créancier.

Ce principe reçoit deux applications dans deux lois au Digeste relatives : l'une à la société, l'autre au contrat de vente.

Dans la loi 41, *D. pro socio*, un contrat de société s'est formé entre Primus et Secundus, et l'on a stipulé une peine pour le cas où l'un des associés ne remplirait pas ses engagements; le cas prévu étant arrivé, Primus par l'action qui naît de la seconde stipulation a obtenu condamnation pour le montant de la peine, la loi ajoute : *quod si ex stipulatu eam (pœnam) consecutus sit postea pro socio agendo hoc minus accipiet pœna ei in sortem imputata.* On déduit le bénéfice retiré de la première action, lorsque par une nouvelle on réclame le bénéfice de l'obligation principale.

2° En matière de vente, la loi 28 D. 19, 1, est encore plus explicite. — *Si ex stipulatu pœnam consecutus fuerit debitor, ipso jure ex vendito agere non poterit, nisi in id quod pluris ejus interfuerit id fieri.* La peine a-t-elle été inférieure au préjudice éprouvé, le créancier intentera l'action *ex vendito* pour ce qui lui reste dû.

Nous avons à signaler des dérogations à la règle que nous venons d'établir. Quelquefois le créancier pouvait réclamer le bénéfice des deux actions : le rapport entre la clause pénale et l'obligation principale était cumulatif, quelquefois la peine seule pouvait être demandée.

Le montant de la clause pénale était seul réclamé.

1° Lorsque le contrat principal était une stipulation et que les parties stipulaient ensuite une clause pénale, les jurisconsultes romains déclaraient qu'il avait lieu de présumer que la première stipulation avait été novée par la seconde et qu'on ne pouvait dès-lors agir qu'en vertu de cette dernière. C'est le sentiment de Paul dans la loi 44, § 6, *Dig.* 44, 7. *Si navem, fieri stipulatus suum et si non feceris centum videndum utrum duœ stipulationes sint, pura et conditionnalis et existens sequentis conditio non tollat priorem an vero transferat in se et quasi novatio prioris fiat-quod magis verum est.*

Mais quelques jurisconsultes ne partageaient pas cette opinion. Ainsi Julien et Ulpien, dans les lois *I, D. 33, 9* et loi *19, D. 36. 2,* donnaient un autre interprétation et voyaient dans ces deux stipulations successives une obligation facultative. Nous lisons dans la dernière loi les lignes suivantes : « Cùm sine præfinitione temporis lega-
» tum ita datum fuerit : uxori meæ penum hæres dato,
» si non dederit centum dato, unum legatum intelligitur
» centum et statim peti potest. Pænoris autem causa eo
» tantum pertinet, ut ante litem contestatam · tradita
» pæno hæres liberetur. » Ce qui signifie : il existe un legs unique qui a pour objet la somme de cent, laquelle est immédiatement exigible, et la mention des provisions de bouche n'a d'autre effet que de permettre à l'héritier de se libérer de son obligation en donnant ces provisions. La décision d'Ulpien est donc en définitive la plus avantageuse pour l'héritier.

2° La peine seule sera réclamée dans le cas où le débiteur, sur sa promesse du fait d'autrui, n'a pu déterminer le tiers à exécuter ce fait; de même quand le débiteur s'est engagé à une abstention et n'a pas tenu sa promesse.

Il est des cas, au contraire, où le créancier pourra cumuler les deux actions, ce sera: 1° Lorsque les parties ont convenu que la clause pénale serait dûe, sans préjudice de l'obligation principale dont le créancier pourra aussi obtenir l'exécution ; la peine représente alors une indemnité pour une sorte de désagrément causé au créancier par l'inexécution de l'obligation. La loi 16, *D. de transactionibus*, 2, 15, nous en donne un exemple. Les mots *rato manente pacto*, étaient devenus une formule qui traduisait formellement la volonté expresse des contractants.

Une décision de Scévola (1) est conçue dans le même sens. Deux frères ont partagé une hérédité et ont stipulé une peine pour le cas où l'un d'eux attaquerait ce partage. Après le mort de l'un d'eux, le survivant intente contre les héritiers de son frère la pétition d'héredité comme lui étant dûe, en vertu d'un fidécommis laissé par le père et il a été déclaré non recevable par le motif qu'il avait transigé sur ce point. Quant à la peine, on a répondu qu'elle était encourue.

2° Lorsque la peine était stipulée, en prévision d'un retard que le débiteur mettrait à exécuter son obligation, le cumul des deux actions existait encore (2). On peut juger des termes, même des deux conventions, si le rapport cumulatif existe ou non. Ainsi, le montant de la peine comparé à la valeur pécuniaire qui résultera de l'exécution du contrat principal, est-il relativement si minime qu'il est impossible de croire que les parties aient pu considérer la peine comme une compensation de l'inexécution du contrat ; d'un autre côté, ne voit-on dans la stipulation d'une clause pénale qu'une incitation énergique des parties à ne pas se soustraire à l'obligation, le rapport entre les deux conventions sera présumée cumulatif. Le plus souvent, il résultera d'une manifestation de la volonté des

(1) Loi 122, § 6, D. 48, 1.
(2) Pothier, des oblig., 344.

contractants, comme nous l'enseigne la loi 115, § 2, *de v. oblig*.

— Disons, en terminant, qu'il ne faut pas confondre avec la stipulation de la peine, la convention par laquelle les parties obtiennent la faculté, moyennant la perte d'une somme d'argent, d'exécuter ou de ne pas exécuter un premier contrat. Cette convention porte le nom de *Mulcta pœnitentia* ou dédit pécuniaire, à l'aide duquel le débiteur peut, suivant sa volonté, s'exonérer de l'obligation principale ou l'exécuter.

DROIT FRANÇAIS

LOI CONCERNANT LES CRIMES, LES DÉLITS ET LES CONTRAVENTIONS COMMIS A L'ÉTRANGER

Du 27 juin 1867.

NAPOLÉON, par la grâce de Dieu et la volonté nationale, Empereur des Français, à tous présents et à venir, salut.

Avons sanctionné et sanctionnons, promulgué et promulguons ce qui suit :

Loi,

Extrait du procès-verbal du Corps Législatif.

Le Corps Législatif a adopté le projet de loi dont la teneur suit :

Art. 1er. — Les art. 5, 6, 7 et 187 du Code d'Instruction criminelle sont abrogés et seront remplacés ainsi qu'il suit :

Art. 5. — Tout Français qui, hors du territoire de la France, s'est rendu coupable d'un crime puni par la loi française, peut être poursuivi et jugé en France.

Tout Français qui, hors du territoire de France, s'est rendu coupable d'un fait qualifié délit par la loi française, peut être poursuivi et jugé en France, si le fait est puni par la législation du pays où il a été commis.

Toutefois, qu'il s'agisse d'un crime ou d'un délit, aucune poursuite n'a lieu si l'inculpé prouve qu'il a été jugé définitivement à l'étranger.

En cas de délit commis contre un particulier Français ou étranger, la poursuite ne peut être intentée qu'à la requête du ministère public; elle doit être précédée d'une plainte de la partie offensée ou d'une dénonciation officielle à l'autorité Française par l'autorité du pays où le délit a été commis.

Aucune poursuite n'a lieu avant le retour de l'inculpé en France, si ce n'est pour les crimes énoncés en l'article 7 ci-après.

Art. 6. — La poursuite est intentée à la requête du ministère public du lieu ou réside le prévenu ou du lieu où il peut être trouvé. .

Néanmoins la Cour de Cassation peut, sur la demande du ministère public ou des parties, renvoyer la connaissance de l'affaire devant une Cour ou un Tribunal plus voisin du lieu du crime ou du délit.

Art. 7. — Tout étranger qui, hors du territoire de la France, se sera rendu coupable, soit comme auteur, soit comme complice, d'un crime attentoire à la sûreté de l'État ou de contrefaçon du sceau de l'État, de monnaies nationales ayant cours, de papiers nationaux, de billets de banque autorisés par la loi, pourra être poursuivi et jugé d'après les dispositions des lois françaises, s'il est arrêté en France ou si le Gouvernement obtient son extradition.

Art. 187. — La condamnation par défaut sera comme non avenue si, dans les cinq jours de la signification qui en aura été faite au prévenu ou à son domicile, outre un jour par cinq myriamètres, celui-ci forme opposition à l'excution du jugement et notifie son opposition tant au ministère public qu'à la partie civile.

Les frais de l'expédition, de la signification du jugement

par défaut et de l'opposition pourront être laissés à la charge du prévenu.

Toutefois, si la signification n'a pas été faite à personne ou s'il ne résulte pas d'actes d'exécution du jugement que le prévenu en a eu connaissance, l'opposition sera recevable jusqu'à l'expiration des délais de la prescription de la peine.

Art. 2. — Tout Français qui s'est rendu coupable de délits et contravention en matière forestière, rurale, de pêche, de douanes ou de contributions indirectes sur le territoire de l'un des États limitrophes, peut être poursuivi et jugé en France, d'après la loi française, si cet État autorise la poursuite de ses regnicoles pour les mêmes faits commis en France.

La réciprocité sera légalement constatée par des conventions internationales, ou par un décret publié au bulletin des lois.

Délibéré en séance publique à Paris, le 31 mai 1866.

Le Président,

Signé : A. WALEWSKI.

La loi du 27 juin 1866, en s'occupant de la répression de crimes, de délits et de certaines contraventions commis à l'étranger, se réfère à une matière de Droit criminel international (1). Désireux de montrer le degré d'importance

(1) Le droit criminel international est une branche du droit international privé différant lui-même du droit international *public*. Celui-ci s'occupe des rapports qui existent entre les nations envisagées comme corps politiques, celui-là s'adresse spécialement aux individus de pays différents et édicte des règles à suivre relativement à l'application des lois civiles ou criminelles d'un Etat dans le territoire d'un Etat étranger.

Pour le droit international public, il n'existe pas de lois positives, c'est-à-dire de droit écrit qui le constate, et que les nations soient tenues d'observer. Les relations des Etats se produisent sous l'empire de lois naturelles, et les opinions diverses émises par les publicistes modernes dans l'interdu sujet que nous allons traiter et l'étendue de la voie que nous devons parcourir, il nous a paru opportun de donner quelques indications précises sur la nature de ce droit, en mentionnant des principes dont l'application ressort des art. 3 du Code Nap. et 5, 6, 7 du Code d'Instr. Cr. de 1808.

Un crime ou un délit peut être commis par un national ou par un étranger sur le territoire Français ou au dehors, et préjudicier à l'État, aux citoyens de cet État, ou à un État étranger et aux citoyens de cet État étranger. Comment la loi Française dispose-t-elle dans ces divers cas?

Pour mettre plus de clarté dans l'exposition de ces prin-

prétation de ces lois, ont donné naissance à trois écoles : une première dite l'école *utilitaire*, nie l'existence d'un droit international ; un Etat dans ses rapports avec les autres Etats a le droit de faire tout ce que lui commandent ses intérêts. Cette doctrine a été exposée par *Machiavel*, né à Florence, en 1469, dans un livre intitulé le *Prince*, paru en 1514. Dans ce recueil, qui est l'expression des idées de l'époque, on trouve rapportés avec la plus étrange froideur les moyens les plus atroces à l'aide desquels on conserve un pays conquis ou une souveraineté usurpée. *Thomas Hobbes* appartient à cette école.

Une deuxième école, l'école philosophique, proclame l'existence d'un droit naturel émanant des rapports de la grande famille humaine ; elle a pour représentants Hugues *de Grotius*, l'auteur du *Traité de Jure belli et pacis*, publié en 1625 ; *Vattel*, né en 1714, en Suisse, dans la principauté dé Neuf-Châtel ; son livre du *Droit des Gens*, appliqué aux affaires des nations et des primes, publié en 1768, est un vrai manuel de droit international ; *Leibnith*, profond jurisconsulte et *chrétien de Poly*, qui a divulgué les doctrines de Leibnith.

Une troisième école s'est formée, l'école historique. Elle puise l'histoire de l'origine et du progrès du droit des gens conventionnel et coutumier, dans l'histoire générale et particulière des Etats de l'Europe et dans les traités et autres actes publics. A cette école se rattachent *Martens*, auteur d'un précis du *Droit des Gens* (1788); *Heffter*, professeur à l'Université de Berlin; *Wheaton*, ex-ministre des Etats-Unis, etc.

Pour l'étude du droit international privé, nous avons entr'autres traités un ouvrage fort remarquable de *M. Fœlix*, enrichi des notes de *M. Demangeat*.

cipes, nous allons distinguer le cas où l'infraction a eu lieu en France du cas où elle s'est passée en pays étranger.

1er *Cas*. — Une nation a le droit et le devoir d'assurer sur son territoire le maintien de l'ordre, le respect des personnes et des propriétés. Ce droit incontesté puise sa force dans les peines édictées contre l'agent qui, français ou étranger, enfreint les commandements de la loi ; de là les dispositions de l'art. 3, C. Nap. ainsi conçus : « Les lois de police et de » sûreté obligent tous ceux qui habitent le territoire. » Sous ce terme sont compris les actes du pouvoir exécutif, les ordonnances, les décrets impériaux, les règlements ou arrêtés rendus par les autorités compétentes, par les préfets et par les maires dans les limites de leurs attributions. Les lois criminelles revêtent donc un caractère de territorialité, elles atteignent même l'étranger venu chez nous pour causer un préjudice à un autre étranger ; supposer qu'il en fut autrement, ne serait-ce pas déclarer impuissante la loi qui étend sa protection sur tous les habitants du territoire, si ses prescriptions devaient s'arrêter devant la qualité de l'agresseur ou de sa victime, et si la sécurité générale pouvait être impunément troublée.

2e *Cas*. — Si un crime ou délit a été commis en *pays étranger*, nos tribunaux français peuvent-ils juger et punir le coupable qui s'est réfugié sur notre sol ? Diverses opinions se sont produites à cet égard.

Une 1re opinion a donné lieu au système de la territorialité absolue. Les faits qui méritent un châtiment ne doivent-être réprimés que par l'autorité du pays où ils se sont passés. Les nations sont indépendantes les unes des autres et ce serait porter atteinte à la souveraineté d'une nation que de réprimer en son nom des actes qui lui ont été préjudiciables. Donc si un délit quelconque est venu causer une perturbation au sein d'une société, cette société est seule troublée et seule, elle a droit d'infliger une peine au nom de la justice sociale. Ce système fut habilement défendu par MM. *Treilhard* et *Bérenger*, dans la séance au

Conseil d'Etat du 17 fructidor, an XII. Il a compté de nombreux partisants dans la célèbre discussion qui s'engagea à la chambre des Pairs le 16 mai 1843 et les savantes dissertations présentées à ce sujet par MM. de *Broglie, Rossi, Frank-Carré*, *Persil* et *Barthe* ne furent pas de peu d'influence sur la décision de la majorité ; enfin cette thèse a eu de nos jours un vaillant champion. Le 30 mai 1866, M. *Jules Favre* dans un langage plein d'élévation et de charme, soutenait devant le Corps Législatif que la loi pénale, sauf exception, était une loi exclusivement territoriale.

Le seul reproche sérieux que l'on ait essayé de faire à ce 1er système (et nous en examinerons plus tard la valeur) c'est de méconnaître le fondement du droit de punir, reposant sur une idée complexe de justice morale et d'utilité sociale. L'intérêt de l'Etat, dit-on, exige que dans certains cas la compétence des tribunaux français ne soit pas restreinte aux actes accomplis sur le territoire, mais s'étende aux délits perpétrés au dehors, sans distinguer entre la nationalité des auteurs et celle des victimes (1).

Une seconde opinion opposée à la première reposant sur la notion de justice absolue, considère les crimes comme des faits odieux susceptibles de répression partout où leur auteur peut-être saisi. Les nations, disent les partisants de cette doctrine exposée par M. Pinheiro-Fereira ont intérêt à ne pas laisser impunis des faits graves qui ont porté atteinte à la loi morale et à l'ordre social. Un fait délictueux conserve partout son caractère, et celui qui s'en est rendu coupable mérite un châtiment (2). Avec ce système

(1) Voy. le rapport de M. Bonjean (*Moniteur* du 23 juin 1866, 5me col.) et l'opinion de la Faculté de droit de Paris. (Rapport de M. Ortolan.)

(2) Ce système s'est produit dans l'ancien droit et Farinacius, lib. 1, tit. I, quæst. VII, nous rapporte l'opinion de certains auteurs qui pensaient que dans le cas d'un homicide commis avec préméditation, le coupable devait être puni partout où il était trouvé. Nullum debeat habere tutum locum confugiendi sive homicidium sit commissum sub eodem sive sub penitus diverso principe ; quia sic de jure divino statum sit.

l'extradiction du criminel n'a jamais lieu et l'Etat punit d'après ses propres lois, celui qui a commis un délit même en pays étranger. Cette règle admise, le meurtrier ne trouverait aucun lieu de refuge où il pût vivre à l'abri de toute recherche ; le droit d'asyle s'effacerait devant le double avantage qu'il y aurait à purger la terre de tous les malfaiteurs qui infestent les sociétés et à prévenir le mal en enlevant aux criminels l'espérance d'une impunité qui leur est acquise, lorsqu'ils parviennent à se réfugier dans un lieu différent de celui où ils ont commis un acte pervers et scandaleux.

Les graves objections que l'on a opposé à ce second système l'ont fait abandonner. L'intérêt de l'état qui fait naître le droit de punir n'existant pas toujours, le législateur ne sera plus le défenseur des intérêts de la société, mais le vengeur de la morale outragée, faisant justice partout où il y a justice à faire, punissant partout où il y a des actes repréhensibles à punir ; or, ne faut-il pas nécessairement tenir compte à un individu du milieu où il a vécu ; peut-on sans iniquité lui infliger une peine pour un fait qui était excusable dans le lieu où il a été commis (1).

Enfin de nombreuses difficultés de preuves peuvent entraver la marche de la justice dans la connaissance d'un fait qui s'est passé souvent à de grandes distances:

Un 3ᵉ système sorti de la combinaison des deux premiers et aujourd'hui généralement pratiqué en Europe, applique le principe de la territorialité et reconnaît aussi le principe de la personnalité des lois pénales, en permettant d'infliger la peine édictée par la loi au national qui a commis un délit en pays étranger. Ce système dit-on, était celui du code de 1808 qui nous a régi jusqu'à ces derniers temps; la loi de 1866 serait venue lui donner une nouvelle et utile

(1) Nous voyons les lois morales diversement interprétées avec les pays, et l'accomplissement de tel fait, qui sera pour nous un acte d'une atrocité noire, sera regardé ailleurs comme un pieux usage, dont l'inexécution serait répréhensible (Infanticide permis en Chine).

confirmation. L'ancien article 7 du Code d'Inst. crim. permettait, en effet, d'arrêter et de juger en France, le français accusé d'avoir tué son compatriote à l'étranger, pourvu que les parents de la victime portassent plainte devant l'autorité.

Les art. 5 et 6 du même Code autorisaient aussi la répression des crimes portant atteinte à la sécurité de l'Etat, à la fortune publique, tels que : complots, contrefaçon de monnaies ou papiers-monnaies, etc., lorsque ces crimes étaient commis au-delà de nos frontières par un national ou par un étranger. Mais aucune peine n'était édictée contre le français qui se rendait coupable d'un meurtre, sur la personne d'un étranger. On n'avait pas non plus prévu le cas où un crime avait été commis à l'étranger par un étranger sur la personne d'un français ; dans ces deux cas le meurtrier qui venait chercher un asile en France n'était pas justiciable de nos tribunaux (1).

Nous venons de présenter dans un exposé très succint les systèmes qui se sont trouvés en présence, lorsqu'on a soulevé la question de savoir si les crimes et délits commis à l'étranger tombent sous le coup de nos lois criminelles françaises. Sans en négliger l'examen critique, il importe de rechercher d'abord les divers aspects sous lesquels ces questions de territorialité et de personnalité se sont produites dans l'ancien Droit, de savoir quel est celui des deux principes qui a paru prédominer jusqu'à ces derniers temps, d'assister pour ainsi dire à leurs luttes et à leurs triomphes successifs. Ce sera l'objet d'un long historique ; nous terminerons nos explications par un commentaire des textes de la nouvelle loi du 27 juin 1866, et un exposé des difficultés auxquelles son application peut donner lieu.

(1) Voyez leçons de Code Pénal, de Boitard.

HISTORIQUE DU SUJET.

Si nous remontons aux origines les plus reculées de notre pays, au temps où la Gaule n'ayant pas subi le joug des Romains, se gouvernait elle-même, nous ne trouvons aucun document de nature à jeter une vive lumière sur nos recherches. César (1) dans la description qu'il donne des mœurs et coutumes de ses habitants, nous apprend que la Constitution de ce pays était à la fois théocratique et aristocratique. Deux ordres seulement comptaient pour quelque chose dans la nation : les Druides et les chevaliers. Le peuple était réduit presque à l'état d'esclavage. La question de savoir surtout si la loi pénale suivait le Gaulois sur le territoire étranger, ne présentait pas d'intérêt sérieux à une époque où le peuple était ainsi fixé au sol et sous la dépendance des grands. La loi était-elle alors territoriale, en ce sens qu'elle fut applicable dans l'étendue d'une tribu? c'est ce qu'on ignore ; les institutions gauloises n'étaient pas rédigées par écrit, et le droit n'a pas survécu à la conquête du pays. César après avoir soumis la Gaule à la domination romaine, la dénationalisa pour mieux la subjuguer (2); il proscrivit le

(1) Comment., liv. VI, chap. XIII.

(2) Suétone nous apprend que César réduisit la Gaule à l'état de province, c'est-à-dire à l'état le plus misérable, le plus désavantageux qui put être imposé à un peuple vaincu. Les habitants n'étaient plus que des possesseurs du sol, chargés de servir un impôt (vectigal) à l'Etat romain, devenu le propriétaire des biens. Ils étaient soumis à l'autorité arbitraire du legatus cæsaris ou du proconsul et perdaient, avec leur indépendance, leurs magistratures et leurs lois. La Gaule fut divisée en 17 provinces et, pour atteindre et détruire sa nationalité, on attaqua sa constitution théocratique. Le Druidisme disparu, plus de liens entre ces peuplades qui, isolées les unes des autres, tombèrent à la merci des Romains. Les juges

druidisme et avec la chûte de cet ordre qui avait pour lui toutes les attributions fondamentales dans l'État, périrent les institutions, la langue et le droit. Auguste, Galba, Othon continuèrent cette œuvre de destruction en généralisaant dans tout le pays le droit de cité romaine, accordé d'abord à quelques municipes de la Gaule (1).

La Gaule devenue Romaine, fut régie par les plébiscites, les sénatus-consulte, le droit honoraire, les écrits des jurisconsultes et après l'établissement de l'Empire par les rescrits et les constitutions. Comment la question de territorialité et de personnalité des lois pénales fut-elle envisagée alors et quelles décisions trouvons-nous à cet égard dans ces documents refondus par Justinien?

La loi 7, *Dig.*, *livre* 48, *titre* 3, déclare « qué les gou-» verneurs de province où le délit a été commis sont dans » l'usage d'écrire à leurs collègues des provinces où l'on dit » que sont les coupables du crime, de les leur envoyer sous » bonne escorte; et cela a été aussi admis par des res-» crits... »

La loi 22, *Dig. de accusat.*, est aussi claire et aussi explicite. « Un prévenu de crime d'une autre province est » accusé et condamné dans le lieu où l'on prouve que le » crime a été commis. » Le juge naturel du crime est le juge du lieu où le crime s'est passé, et cela par suite des avantages qui en résultent. Les preuves sont plus faciles à

ne furent plus les ministres de la religion, mais les délégués du Sénat de Rome, lesquels faisaient connaître d'avance, par un édit, le programme de leur administration. Les changements furent donc complets en Gaule, à l'exception de quelques cités alliées, au nombre de 18, sous Pline l'Ancien, qui purent conserver leur liberté et quelques restes de leur anciennes traditions.

(1) Le droit de cité romaine entraînait la soumission à l'empire des lois romaines. Les grands de la Gaule ambitionnaient le titre de citoyen romain, pour avoir une place au Sénat de Rome, et c'est ce qui explique la facilité avec laquelle ce don, regardé comme un bienfait, s'étendit dans toute la Gaule.

recueillir, les frais d'instruction du procès sont diminués et la punition du crime sert d'exemple à ceux qui ont été témoins de sa perpétration. Mais si les deux lois précitées reconnaissent aux juges du lieu du délit le droit de désaisir de la connaissance de l'affaire les juges du domicile, on est forcé de reconnaître que la loi pénale est surtout une loi *territoriale*. A côté de ces textes qui renferment en termes généraux, le principe de compétence vient se placer la constitution de Sévère et Antonin (1), où nous lisons ce qui suit : « Il est assez connu de tout le monde que » les procès intentés pour des crimes que les lois punissent » extraordinairement doivent être jugés dans les lieux où » les crimes ont été commis ou commencés, ou dans ceux où » l'on trouve les malfaiteurs. » Cette constitution établit un cas spécial de dérogation à la règle générale, une exception qui se justifie d'elle-même; mais nulle part, dans aucun texte, il n'est fait mention de la juridiction du juge du domicile. On peut objecter que ces lois citées ne prévoient pas l'hypothèse où l'acte criminel aurait été accompli dans un lieu indépendant de la souveraineté où le coupable a été saisi et qu'il s'agit uniquement de deux provinces appartenant au même Empire et régies par une même loi. Ce cas particulier n'a pu devenir, il est vrai, l'objet des prévisions des jurisconsultes Romains à une époque où Rome avait conquis le monde entier et où ses peuples avaient très peu de relations avec leurs voisins qu'ils appelaient *barbares*. Mais ce qu'il importe de remarquer, c'est que ces provinces du monde Romain étaient des pays conquis, habités par des races diverses, vivant séparées, soit par des mœurs différentes que la conquête n'avait pu assimiler, soit par ces barrières naturelles, telles qu'un fleuve ou une chaîne de montagnes qui, à cette époque étaient un obstacle à la fréquentation des peuples.

L'esprit des lois romaines démontre donc jusqu'à l'évi-

_____

(1) Loi I, Cod. ubi de crim.

dence que pendant une durée de quatre siècles, le principe de la territorialité resta seul en vigueur dans l'ancien monde civilisé. Tel il se maintint au sein de notre population Gallo-Romaine jusqu'au moment de l'invasion des Barbares. Les Burgondes en l'an 413, les Visigoths en l'an 419, viennent s'établir dans la Gaule, mais ils n'y entrent pas en conquérants. Les Empereurs Romains en font des peuples tributaires et leur concèdent une partie du sol pour conserver l'autre. Dès-lors chaque peuple suivit sa propre loi ; les Romains furent régis par les lois romaines, les peuples germaniques par leurs coutumes (1).

Ces populations formées d'éléments divers, loin de se fusionner, vécurent séparées par la dissemblance de leurs coutumes, de leur religion, de leurs langues, et si l'on veut une preuve irrécusable de ce que nous avançons, on l'a trouve dans le monument des lois d'Alaric ou *Breviarium Aniani*, publié en 484, qui reproduit une Constitution de Valentinien de 335, par laquelle il est défendu aux Romains d'épouser des femmes Barbares. Cet état de choses fut le même au nord de la Gaule, où s'étaient établis les Francs Saliens et ripuaires, du moins après la bataille de Soissons (2). Une Constitution de Clotaire déclara que les

---

(1) Nous n'avons pas jugé convenable, pour ne pas perdre de vue le but vers lequel nous marchons, de traiter en son entier la question de la personnalité des lois à cette époque, et d'expliquer certaines contradictions dont nous pourrions tirer un parti avantageux. Ainsi, nous avons dit que chacun était soumis à la loi de son origine. Cependant, si nous ouvrons la loi Salique, nous voyons que, lorsque un romain commet un crime contre un romain, la loi Salique lui est applicable. Si le Droit romain eût été en vigueur, c'était le cas où jamais d'appliquer la loi romaine. Il est presque certain que, jusqu'en 486, on appliqua la loi des vainqueurs, qu'on n'eût pas d'égards pour le peuple vaincu (*væ victis*), et ce ne fut qu'avec le temps qu'on apporta des modifications à ce premier état de choses. A partir de l'an 860 les monuments abondent pour nous certifier que les Romains étaient régis par leurs propres lois. Ce sont la constitution de Clotaire, la loi des Ripuaires, au viie siècle, les formules de Marculfe, l'édit de Pistes, etc., etc.

(2) Voyez M. de Savigny, *Histoire du Droit romain au Moyen-Age*, p. 91.

Romains seraient régis par la loi romaine (1). Ainsi, pendant une période de cinq siècles, du Ve au XIe, chaque individu est soumis à la loi de son origine. Cependant rien ne nous porte à croire que le grand principe de la territorialité de la loi pénale ne soit resté debout quoique de grands changements se soient opérés dans notre pays. D'abord la loi romaine n'a pas été modifiée dans son esprit. L'interprétation de la loi 1re (*Titre* 1, *liv.* 9, *lex Romana Visigothorum*), dit, en effet, qu'un criminel doit être poursuivi au lieu même où il a commis son crime et non devant le juge du domicile (2).

Une seconde preuve ; nous l'empruntons à un texte un peu obscur, au premier abord. Petrus Ferraris, dans sa *pratica papiensis*, nous dit n° 30, page 517 : *pone quod reus aufugit super alieno territorio an poterit judex criminis ipsum citare, videtur quod non sed debebit scribere litteras illi judici super cujus territorio habitat, ut eidem præcipiat quod coram suo judice compareat.* Pour avoir le vrai sens de ce texte, il ne faut pas ignorer que le *papien* dont il est question était la loi des Romains, qui vivaient mêlés aux Burgondes ; dès lors, on peut sans forcer le texte, donner aux paroles de Petrus Ferraris le sens renfermé dans les lois 7 et 22 Dig. *de accus.* rapportées quelques pages plus haut. Le juge du lieu où le prévenu d'un crime habite, c'est-à-dire le juge du domicile n'est pas compétent, mais bien le juge du crime qui demande, en quelque sorte par lettre, l'extradition du coupable.

(1) Une formule de Marculfe, un moine vivant vers l'an 660, est très explicite. Voici ce qu'on lit dans une instruction adressée à un grand : « Et » omnis populus ibidem communantes, tam franci, romani, burgondiones » quam reliquas nationes sub tuo regimine et gubernatione degant et » moderantur et secundum legem et consuetudinam eorum regas. »

(2) « Quicumque damnabile vel puniendum legibus crimen admiserit » non se dicat in foro suo id est in loco ubi habitat debere pulsari sed ubi » crimen admissum est ab ejus loco judicibus vindicetur. »

Enfin, dans la loi salique (1), et plus tard dans certains capitulaires, nous trouvons des dispositions qui ont une certaine analogie avec notre article 3 du Code Nap. (2). Nous voyons ainsi le principe de la territorialité prédominer encore dans notre pays. La loi, avec son caractère de généralité qui la rend applicable à tous ceux qui se trouvent dans l'étendue du territoire, devient l'expression de la souveraineté; aussi ne s'occupe-t-elle avec raison de réprimer les infractions commises à l'extérieur parce qu'elles échappent à son empire. Au surplus, la condition des personnes à l'intérieur des nations est restée la même. Nous marchons vers une époque où, plus que jamais, l'oppression et la dépendance vont se faire sentir. Il est exact de dire, comme il est permis de le constater encore de nos jours, dans certains pays, que le sol qui a vu naître l'individu le verra mourir. Avec l'établissement du régime féodal, la loi dont l'autorité s'exerce seulement dans l'étendue de la juridiction du seigneur, va pourtant revêtir, pour la première fois, un caractère de personnalité. La loi suivra l'individu qui quittera le lieu de son domicile pour aller résider sur le territoire d'un autre seigneurie. Il est facile d'expliquer cette innovation par les changements que subissent les institutions. Avant la fin du Xe siècle, tout ce qui n'est pas possesseur de fief est serf ou mainmortable. Le seigneur s'attribue un domaine *éminent* sur les biens et le corps de ses sujets, et si l'un d'eux se rend dans les

----

(1) Titre XV, § 1 et 2, lex Salica emendata. Voyez M. Bertauld, *Cours de Code pénal*, p. 34, 2e édit.

(2) Le caractère de généralité se retrouve dans la loi des Burgondes. Voici ce que nous lisons au § 89, de reis corripiendis : « Gundebaldus
» omnibus comitibus : Et non solum in eum tantum pagum ubi consistit
» liceat persequi criminosum, sed sicut utilitas aut fides cujuscumque
» habuerit etiam per alia loca ad nos pertinentia non dubitent hujusmodi
» personas capere et judicibus præsentare ut præfata scelera non liceat esse
» diutius impunita. Hanc præceptionem nostram in omnium notitiam po-
» nere procuretis. »

5.

terres d'un autre seigneur, il peut le revendiquer comme toute autre chose lui appartenant (1). Le droit de souveraineté emporte celui de juridiction. Le seigneur a le droit de demander compte à son sujet des actes qu'il commet partout où il va. « Entre le vilain et son seigneur il n'y a » pas de juge fors Dieu, » nous dit Desfontaines. Le droit de rendre justice deviendra encore pour le seigneur une source d'émoluments (droits de greffe, de tabellionage, amendes prononcées, peines de confiscation encourues). On conçoit dès lors que si un juge autre que celui du domicile ne peut connaître d'un délit parce qu'il porterait atteinte à la juridiction patrimoniale d'un autre seigneur juge, la loi, ou plutôt la coutume du lieu d'origine oblige l'individu en quelque lieu qu'il soit. Ce principe sera plus tard formulé dans tous les coutumiers, en ces termes : l'homme, quant à son corps, est justiciable du lieu où il est, couchant et levant (2). C'est ainsi que le juge du domicile devient le juge naturel du délinquant. Il est à présumer, suivant l'opinion de M. Faustin Elie, que la conséquence de cette règle générale dût être l'attribution au juge du domicile des délits commis, non seulement hors du ressort de la juridiction seigneuriale, mais aussi hors du royaume. Ce principe se fortifiant par une application constante à l'intérieur de la France, prit ainsi place dans la législation coutumière.

Cependant, déjà au XIIe siècle, la royauté se sent assez forte pour engager un lutte contre la société féodale et ecclésiastique et essayer de ressaisir l'autorité qu'elle avait perdue. Elle crée, elle aussi, une justice, elle protége et rassemble autour d'elle les légistes, elle encourage l'étude du droit romain que proscrivent les papes ; elle aspire à concentrer dans ses mains la souveraineté ; à cette fin, sous

____

(1) Etalliss. de saint Louis, liv. II, chap. XXXII.

(2) Desfontaines, ch. III, § 6. — Beaumanoir, ch. II, 16 ; ch. VI, 33. — Bouteiller, *Somme rurale*, tit. 34. Etabliss. de saint Louis, I, 164 ; II, 2.

prétexte que la justice doit être bien rendue, elle se constitue juge d'appel des décisions des seigneurs, puis, au moyen de la poursuite par prévention, de l'introduction des cas royaux et des cas privilégiés ; elle finit par s'emparer de l'administration de la justice criminelle.

Le principe de la territorialité renaît de ses cendres par les raisons qui l'avaient mis en vigueur autrefois ; facilités de preuves et garantie de sévérité, si le crime est réprimé dans le lieu où il s'est accompli. Mais ce principe ne s'établit pas de nouveau sans susciter les plus vives réclamations de la part des seigneurs. Tandis que Philippe-le-Bel, en 1303, publie une ordonnance, art. 17, qui défend le renvoi de l'accusé devant le juge du domicile, Louis X et Philippe V (1) sont amenés à faire des concessions en reconnaissant aux seigneurs le droit de juger leurs vassaux, quelque soit le lieu où le délit a été commis. Mais l'ordonnance du 15 avril 1453, art. 29; celle de Moulins de février 1566, art. 35, reconnaissent le droit de priorité à la juridiction du juge du lieu du délit, et l'art. 1er de l'ordonnance de 1670 inscrit définitivement dans nos lois le principe de territorialité (2). Tandis que la loi pénale devient territoriale en France, le principe de la personnalité se maintient pour les actes commis à l'extérieur. Les pouvoirs des seigneurs passent sur la tête des rois, mais la situation reste à peu près la même. En effet, tout en tenant compte du mouvement insurrectionnel des communes, qui est un pas vers le régime légal, on ne peut dire que l'état de choses antérieur ait été transformé. Si les bourgeois deviennent les habitants des cités, les campagnes sont encore et toujours peuplées de serfs. Le roi a la *mouvance* universelle des terres du royaume; il se dit maître de ses sujets. C'est Louis XIV résumant la situation au XVIIe siècle par le mot fameux : *L'Etat, c'est moi*. Ainsi s'expliquent les droits

(1) Ordonnances de 1315, art. 9, et juin 1319, art. 7.
(2) Bertauld, C. p., p. 63.

que s'arrogent les rois de juger un sujet qui rentre en France après avoir commis un délit à l'étranger, et le droit de livrer ce même sujet, si tel est leur bon plaisir, à la justice étrangère qu'il aura offensée. Ce sont ces droits dont la jurisprudence assure le respect, ainsi que nous l'apprend un réquisitoire de l'avocat général Talon, dans un procès de l'an 1632, déclarant que lorsqu'un Français commet un crime à l'étranger, « il faut faire et parfaire le » procès en France parce que le roi vendique son sujet » et a grand intérêt que justice soit rendue. »

Mais, dans la doctrine, la question de savoir si le principe de la personnalité de la loi pénale devait être maintenue était discutée, et plusieurs jurisconsultes du XVIᵉ siècle, tels que Julien Clarus, Boérius, Farinacius nous signalent dans leurs écrits une controverse des plus animées sur ce point (1).

(1) Voici en abrégé cette controverse telle qu'elle a été rapportée par Farinacius.

Question VIIᵐᵉ, § 19 et 20 :

Subsequenter in materia de quæstione illa Jam salis doctoribus agitata num scilicet Judex domicilii seu originis cognoscere possit de delicto per suum subditum commisso extra suum territorium; an vero teneatur illum ad judicem loci remittere. Omissa desuper disputatione et rationum et argumentorum discussione semota resolutive loquendo, duæ principales in proposito reperiuntur doctorum opiniones.

Prima est negativa quod videlicet Judex loci originis seu domicilii non potest cognoscere de delicto alibi commisso. Sed delinquentem ad judicem loci delicti remittere tenetur (43 lignes de noms d'auteurs cités à l'appui). Hanc opinionem Tunquam Crebiorem plures sunt secuti doctores qui et numero et poudere prævalent aliis contrarium tenentibus et cum hac opinione per multos dies in senatu discussa fuisse per majorem partem senatorum resolutum.

Contrarium opinionem quod scilicet Judex loci originis seu domicilii potest cognoscere de delicto extra terrirorium commisso nec teneatur delinquentem ad judicem loci delicti remittere, tenoant. *Multi doctores* hanc communem esse non solum de jure civili sed etiam canonico dicunt, et quidem negari non potest quin hæc secunda affirmativa opinio sit magis ab usu et a consuetudine approbata.

Il est probable qu'après la première victoire remportée par la royauté sur les seigneurs, les deux systèmes de territorialité et de personnalité qui n'étaient pas exclusifs l'un l'autre, se maintinrent tous deux par l'application qui en fut faite, et avec le temps, le principe de la personnalité devint une exception de plus en plus rare à la règle générale qui fit prévaloir le principe de la territorialité. C'est un point qu'il nous est, du reste, facile de démontrer.

En ouvrant le traité de l'administration de la justice criminelle de Jousse (1), on voit que lorsqu'il s'agit de réprimer un délit commis hors du territoire de France, on applique les principes ordinaires de la compétence des juridictions.

Or, d'après ces principes, ont compétence pour juger : 1° le juge du lieu où le délit a été commis; 2° le juge du domicile du prévenu; 3° celui du lieu de l'arrestation lorsqu'il s'agit de vagabonds et gens sans aveu justiciables de tous juges. En appliquant ces règles aux délits commis *à l'étranger*, on décide sans difficulté que le français inculpé d'un crime ou d'un délit peut-être jugé par le tribunal de son domicile. Rousseaud de la Combe expose la même doctrine. Mais il est un point surtout, digne d'être mis en lumière, et qui démontre bien le droit de priorité réservé au juge du lieu où l'infraction s'est accomplie. « La connais-
» sance du délit, disent les deux auteurs précités, n'est point
» attribuée au juge du lieu du délit, par exclusion et priva-
» tion à tout autre juge, mais seulement par prévention,
» et l'effet de cette prévention est de donner au juge
» du lieu du délit, le droit de requérir le renvoi de
» l'affaire à tout autre juge qui en serait saisi et qui
» pourrait d'ailleurs en connaître sans cette revendication

Ego tamen non absurdum Credo dici posse quod utraque opinio sustineri possit declarata tamen et limitata ut in sequentibus limitationibus ex quibus habebis concordatas ambas opiniones. Ijitur si vis tenere primam negativam opinionem.

(1) Conseiller au Présidial d'Orléans.

» ou renvoi. » On ne saurait donner des preuves plus justes, plus convaincantes lorsqu'on entreprend de justifier une assertion. Ces textes déclarent positivement que la loi pénale est avant tout une loi territoriale. Encore près d'un siècle et le système de la personnalité des lois sera entièrement délaissé. En effet, la jurisprudence des parlements, tendit incessamment à ne reconnaître à la loi que le caractère de la territorialité, et ce point est encore mis en lumière par les recueils en usage avant 1789.

..... Nous ne pouvons résister au désir de mettre sous les yeux de ceux qui n'auraient pas comme nous la foi de ce que nous soutenons avec une parfaite loyauté, un extrait des collections nouvelles de Denisart, publiées en 1787 (1). « Le délit y est-il dit qui blesse l'ordre de la société » dans l'Etat où il a été perpétré ne blesse aucunement cet » ordre dans les autres Etats; aussi le délit commis dans » l'étendue d'une souveraineté, ne peut pas être poursuivi » dans une autre souveraineté, le délit commis en pays étran- » ger ne peut pas être poursuivi devant les tribunaux de » France et l'accusé peut demander son renvoi devant les » juges du pays dans lequel on l'accuse d'avoir commis le » délit en question. » Comme conséquence, le criminel qui se » sauve en pays étranger se trouve à l'abri de toutes » poursuites parce que les juges de l'Etat dans lequel le » crime a eu lieu, n'ont aucune autorité dans le pays où le » coupable s'est réfugié. »

Ainsi donc, en 1787, les interprètes du droit reconnaissent que la loi pénale est exclusivement territoriale; que par respect pour les autres souverainetés, ses commandements expirent à la frontière du pays. C'est ce qui expliquera le silence que garde la législation de 1731 sur ce point désormais hors de doute, qu'un français n'a plus à répondre devant les tribunaux français des actes qu'il a commis à l'étranger.

(1) Mot délit.

Avant de continuer l'étude de notre question sous la *législation intermédiaire*, nous avons un retour à faire sur ce passé pour faire connaître la jurisprudence en vigueur dans la répression des crimes commis à l'étranger par un *étranger* sur la personne d'un Français ou sur la personne d'un autre étranger lorsque le coupable venait se réfugier en France. Les mêmes controverses signalées plus haut par les auteurs ultramontains, tels que Boérius et Farinacius avaient lieu sur ces deux points.

Sur la 1re, statue un arrêt du 15 mai 1577, rapporté par Mornac dans ses commentaires (1). Par cet arrêt fort remarquable, la Cour infirma la sentence d'Ayrault qui avait décidé le renvoi d'un Italien dans son pays pour un crime commis en Italie sur un gentilhomme français. Cette arrêt semble mettre au dessus du principe de la territorialité, le droit qu'ont les rois de venger leurs sujets victimes d'un meurtre. Mais l'autorité de cet arrêt est bien ébranlé, si comme le dit Ayrault, que Mornac appelle un jurisconsulte très-savant, on aurait dû juger le contraire sans quelques circonstances relevées par l'avocat général de Thou (2).

---

(1) *Voici cet arrêt.* — Quæsitum Jamdiu a quibus judicandus esset Bononius Italus, qui cœso a se gallo, domi suæ apud Bononiam, in Galliam postea venerat, a Gallis ne an ab Italis, et an remittendus. Infirmavit autem senatus Petri Erodii, Capitalis Andium Juridici scientissimi Sententiam, quâ remittendum esse pronumtiaverat Italum in Italiam, ut petiérat, quod hominem non in Galliæ occidisset, sed in Italia, jussusque hanc vere regiam litem terminare more Gallico, quin et proeses qui præerat judicio, monuit in hæc verba : Servari inter diversarum monarchiarum reges, ut ubi inventus sit reus ibi judicetur, Latum senatus consultum est anno 1577, dic. 18 mai refert quo Erodius ipse met in ordine judiciali solum excipitur magestatis crimen.

(2) Voici le passage d'Ayrault. Après avoir rapporté la décision du Sénat, il dit : « Toutefois, le contraire me sembla si véritable, que je renvoyai à Bologne, en Italie, celui lequel, natif de là et y demeurant, fut accusé devant moi d'avoir tué un gentilhomme français, logé en sa maison. Ne faict rien que la cour, après avoir appointé la cause au conseil, finalement par son arrêt de mai 1577, mit l'appel et ce dont avai

Ayrault conclût à ce que l'on renvoie l'accusé devant le juge
du lieu du crime, surtout lorsque le crime a été commis
dans un pays voisin de celui où l'inculpé est arrêté. Mornac est aussi de cet avis et se prononce pour le principe de
la territorialité.

Sur la 2ᵉ controverse, Jousse cite deux arrêts, dont l'un
à la date de 1632, est rapporté par Bardet.(1). Voici l'espèce
en résumé : Jean Ourdet poursuivi en Artois (pays espa-
gnol), pour un meurtre commis dans cette province, se
réfugie à Montreuil-sur-Mer ; là en vertu d'un décret de
prise de corps émané d'un magistrat artésien, il est arrêté
et mis en prison, puis relâché faute par l'accusateur (la
veuve de la victime), de produire des charges dans le délai
imposé. Appel est relevé de la décision qui prononce cette
mise en liberté. Entr'autres points à juger était celui de
savoir si Ourdet pour un crime commis à l'étranger, pouvait être poursuivi en France. La négative fut décidée.
Cependant l'avocat général Talon, faisant connaître les
vrais principes en cette matière, pense que la poursuite
pourrait avoir lieu sur la plainte de la partie offensée et
non d'office (*per viam accusationis sed non per viam
inquisitionis*), car les rois prêtent l'oreille à ceux qui
implorent leur autorité et invoquent leur justice qu'ils
font administrer tant à leurs sujets qu'aux étrangers. Mais
l'étranger qui ne veut pas suivre cette voie ni se plaindre

» esté appelé au néant et qu'en corrigeant nostre jugement, elle renvoya
» l'italien à Tours pour lui estre fait son procès. Car M. Mʳᵉ Augustin
» de Thou, aujourd'hui président en la dicte cour et lors advocat pour le
» roi, dit qu'il y avait apparence à ce que nous avions ordonné, sinon qu'il
» se trouvait des particularités en la cause qui le mouvaient d'assister à
» l'appelant. La première, que les principaux témoins du demandeur et
» accusateur, qui estaient pour lors tous à Bologne, estaient maintenant à
» la France ; 2º qu'il semblait que cet italien eût abandonné son pays et
» qu'il se fust venu ici habituer ; 3º qu'on l'accusait d'avoir pareillement
» délinqué en ce royaume. »

(1) Tome II, p. 102, liv. Iᵉʳ, chap. 42.

au roi, peut demander le renvoi devant les juges du lieu du délit moyennant l'accomplissement de certaines formalités.

En somme, la loi pénale conserve son caractère de loi territoriale (1), et l'examen des deux questions controversées, n'infirme en rien les conclusions posées ci-dessus.

Avec la Révolution de 1789, l'homme reprend son rang dans la société ; de sujet qu'il était, il devient citoyen, et obtient autant de droits que son ancien seigneur. Les débris d'un régime décrépit, disparaissent emportés par le souffle puissant des réformes politiques et sociales ; tandis que la loi civile passe un niveau égalitaire sur la condition des personnes en morcellant plus que jamais les biens dans les familles (lois du 8 avril 1791 et du 17 nivose, an II, sur les successions), la loi pénale n'apparaît plus que comme un moyen propre à assurer la sécurité, et non comme un acte de vengeance ; ce qui rend la peine légitime, c'est son utilité (2). La société ne voit pas l'ordre troublé, ni son existence compromise par un délit qui s'est passé dans une autre souveraineté et qui n'atteint pas le plus souvent l'un de ses membres. Aussi la législation de 1791, n'édicte aucune peine contre ceux qui commettent des crimes hors du territoire. La convention nationale ne tarde pas cependant à faire connaître les vrais principes qui dominent cette matière. Elle déclare, par un décret du 3-7 septembre 1792, « que les étrangers prévenus de délits » commis dans leur patrie, n'ont pu être légalement jugés » que selon les lois de leurs pays et par leurs magistrats ; » que les peines ne doivent avoir lieu que là où les crimes » ont été commis, et que ce serait tolérer une atteinte à la » souveraineté des peuples pour laquelle la France donnera » toujours l'exemple du respect, que de retenir sur ses galè-

(1) Rousseau de la Combe cite un arrêt dans ce sens, du 19 janvier 1672.

(2) Voyez un Mémoire lu à l'Académie des Sciences, Inscriptions et Belles Lettres, par notre savant professeur, M. Molinier.

» res des étrangers qui n'ont pas blessé ses lois. » Ce décret pose d'une façon indirecte, il est vrai, mais certaine, le principe que la loi pénale est territoriale ; il décide un point qui, l'objet de controverses anciennes ainsi que nous l'ont montré les arrêts de 1577 et de 1632, n'est plus mis en doute à cette époque. Mais déjà peut-être, l'attention du législateur avait-elle été éveillée sur des faits de nature à troubler la tranquilité publique. Des malfaiteurs passant la frontière, allaient commettre des meurtres, des pillages, des dévastations sur le territoire voisin, et rentraient ensuite en France où ils jouissaient en toute sécurité des fruits de leurs crimes, protégés par un gouvernement qu'ils n'avaient pas offensé. C'était là un exemple perni-cieux, capable de gagner tous les hommes audacieux ha-bitant les frontières. La présence de ces individus couverts du sang de leurs victimes, était un sujet d'alarmes pour les paisibles citoyens qui ne voyaient pas leur vie en sûreté, en se rendant souvent après une lieue de marche sur le territoire voisin où les appelaient leurs intérêts, leurs devoirs, leurs affections. Il fallait nécessairement rémédier à un pareil état de choses.

Devait-on livrer le criminel à la société outragée. C'était la déduction logique d'un principe en rapport avec les mœurs nouvelles de notre pays. Mais, il ne faut pas oublier qu'alors, la France formait un contraste avec les autres nations ; tandis que chez nous le règne de la liberté sem-blait désormais triomphant, le régime de la féodalité pesait sur les peuples voisins. Les gouvernements étran-gers n'auraient jamais adhéré à cet échange de vues et de sentiments généreux qui devaient les porter à remettre, entre les mains du gouvernement français, leurs nationaux qui seraient venus commettre un crime sur notre terri-toire. Aussi, le législateur du Code des délits et peines de brumaire, an IV, dut-il s'adresser aux anciennes tradi-tions et poser une exception à un principe dont l'applica-tion absolue présentait de sérieux inconvénients. L'excep-

tion fut insérée dans l'art. II de ce Code voté sur le rapport de M. Merlin, et voici en quels termes : « Tout Français qui se
» sera rendu coupable hors le territoire de la république
» d'un délit auquel les lois françaises infligent une peine
» afflictive et infamante est jugé et puni en France, lors-
» qu'il y est arrêté. » Le mot délit dont il est question est synonyme de crime, car le délit proprement dit n'entraîne l'application que d'une peine correctionnelle. Il nous paraît vraiment regrettable que cette sage disposition, qui faisait une large concession à la morale en punissant le criminel sans distinguer les cas où la victime était française des cas où elle était étrangère, ait été de si courte durée. Elle eût rendu inopportunes et vaines les discussions, qui s'étant produites jusqu'à nos jours, ont mis en échec la véracité d'un principe que nous nous sommes efforcés de dégager ; elle eut aussi rendu inutile et sans objet cette loi de 1866 en enlevant le prétexte spécieux sur lequel elle a été basée.

A l'égard des étrangers, le Code de brumaire, article 12, ne les soumettait à la juridiction des tribunaux français, que lorsqu'ils avaient commis un crime touchant à l'intérêt général et au crédit de l'Etat (falsification de monnaies). L'Etat, alors personnellement attaqué est armé d'un droit de défense, et ce droit, toutes les nations l'ont proclamé en édictant des pénalités fort rigoureuses contre les coupa-bles. Sauf ces deux exceptions si faciles à justifier, le prin-cipe de la territorialité de la loi était reconnu et appliqué. L'art. 13 du même Code, déclarait qu'à l'égard des autres dé-lits, les étrangers qui les avaient commis hors du royaume, n'étaient pas justiciables de nos tribunaux ; mais l'auto-rité judiciaire était investie du droit d'expulser l'étranger qui s'était rendu coupable d'un crime, lorsque ce crime était l'objet de poursuites dans le lieu où il avait été accompli.

Nous sommes arrivés à la date de la confection de nos Codes d'instruction criminelle et pénale et sans trop insis-ter sur les textes des art. 5, 6, 7, sur lesquels nous aurons l'occasion de revenir, il importe toutefois de rechercher l'esprit du système qui est resté inscrit dans nos lois pendant 58 ans. Le projet porté en Conseil d'Etat était ainsi conçu :

Art. 5. — « Tout Français qui, hors du territoire de
» France aura commis un crime attentoire à la sûreté de
» l'Etat ou contre la personne d'un français, sera poursuivi
» jugé et puni en France, suivant les lois de l'Empire. »

Art. 6. — « Sera également poursuivi, jugé et puni tout
» Français et même tout étranger qui se sera rendu coupable
» hors du territoire de France, de contrefaçon du sceau
» de l'Etat, de monnaies nationnales ayant cours, de papiers
» nationaux, de billets de la banque de France ou des
» banques des départements.» Ces articles du projet, comme
on le voit, ne consacraient pas une dérogation au principe
de la territorialité aussi étendue que celle de l'art. 11 du
Code de brumaire. L'exception n'avait d'autre fondements
que l'idée de protection, que les lois étendent aux nationaux habitant les pays étrangers. Néanmoins, ces articles
furent vivement critiqués par MM. Treilhard et Bérenger.—
Target, Berlier et Canbacérès défendirent l'exception.
Entr'autres, arguments fournis à l'appui du système de la
territorialité absolue, M. Treilhard soutint que les lois
pénales sont essentiellement territoriales ; chaque nation
pourvoit à sa sûreté et la puissance au sein de laquelle
l'ordre public a été troublé est seule compétente pour réprimer le délit. Cet ordre peut dépendre d'une grande
variété de causes, et, par cette raison, les peines varient à
l'infini, de telle sorte, que ce qui est qualifié délit dans un
lieu, ne l'est pas dans un autre.

2° Chacun se soumet aux lois du pays où il va et ne peut
être soumis à la fois à deux lois différentes. D'ailleurs, on
ne ne saurait assimiler les français à des serfs que suivent
partout les lois par lesquelles leur condition se trouve
fixée.

La disposition de l'article 6 ne devait pas être étendue à
l'étranger puisque nos lois n'ont pas d'autorité sur sa per-

sonne. Ici Bérenger, en vertu de ce droit de défense accordé à l'Etat, ne partageait pas le sentiment de son collègue et admettait la validité de la poursuite ; mais à raison de l'impossibilité matérielle où l'on serait d'atteindre le coupable dans tous les cas, il convenait de rendre l'action publique purement facultative en surbordonnant son exercice aux circonstances que le ministère public aurait le droit d'apprécier. De là, l'insertion du mot *pourra*. Target et Berlier ne contestaient que bien faiblement le principe de la territorialité ; mais pour justifier l'exception, ils opposaient aux raisons de leurs adversaires, celles qui avaient fait admettre l'ancien article 11 de la loi de brumaire. Il ne fallait pas, disait à son tour le grand juge Reynier, accorder un brevet d'impunité aux malfaiteurs qui commettent des crimes à deux pas de la frontière et rentrent en France pour y jouir des fruits de leurs crimes. — Le Français ne blesse-t-il pas les lois de son pays lorsqu'il conspire contre l'État où qu'il attente à la personne de l'un de ses concitoyens? Au surplus, le crime commis hors de France a presque toujours été prémédité en France et il est même utile que la loi établisse indéfiniment cette prescription. Il est facile d'apprécier la valeur et le mérite de semblables réponses tendant à la conciliation de principes si opposés.

M. Treilhard objecta encore une raison capitale, tirée de la difficulté d'administrer les preuves du crime. Comment, disait-il, pourra-t-on forcer les témoins à venir déposer devant les tribunaux français. L'intérêt de la défense ne sera-t-il pas le plus souvent sacrifié. A cette objection, Cambacérés répondit : « peu importe que les preuves » du délit soient faciles ou difficiles à obtenir ; s'il n'y a pas » de preuves le coupable échappera par le fait au châtiment, » mais du moins les français infidèles seront avertis qu'ils » s'y exposent, que nos lois ne leur accordent pas l'impu- » nité, et cet avertissement suffira pour retenir beaucoup » d'entr'eux dans le devoir. »

L'exception fut maintenue et la thèse de la territorialité absolue ne triompha pas. Sauf de légères modifications de texte on admit par les articles 5, 6, 7, la possibilité d'une poursuite contre toute personne pour un crime commis à l'étranger attaquant la sûreté de l'Etat, et pour tout autre crime contre le Français seulement et aux conditions suivantes : que la partie lésée fut française ; qu'elle portât plainte ; que ce Français fut de retour en France; que l'infraction n'eût pas été jugée à l'étranger. On établit donc une dérogation au principe de la territorialité de la loi pénale, mais on l'entoura de restrictions dont la justification si difficile pour la plupart prouve, mieux que les paroles de M. Treilhard dans l'exposé des motifs (1), que l'on ne songea pas dans le cours de la discussion à mettre en évidence l'ancienne théorie de la personnalité des lois. En effet, si dans le but d'assurer l'ordre et la sécurite dans les pays frontières, on avait déclaré que la loi pénale tenait du statut personnel qui règle la condition des personnes et les suit en tout lieux, pourquoi faire dépendre la poursuite du crime de la qualité de la victime ? Pourquoi exiger la plainte de la partie lésée et la présence du coupable, lorsque la répression qu'appelle la violation de la loi pénale en France, n'est subordonné ni à la présence du Français sur le territoire, ni à la volonté de la partie lésée? Avec le principe de la personnalité le francais qui se rendant coupable d'un crime dans son pays sur la personne d'un étranger tombe sous le coup des lois pénales, ne dé-

(1) Voici les paroles de M. Treilhard dans l'exposé des motifs : « Sans » doute, la règle générale en cette matière est que le droit de poursuivre » un crime n'appartient qu'aux magistrats du territoire sur lequel il a été » commis ou sur lequel il s'est prolongé; mais il est des attentats qui atta-» quent la sûreté et l'essence même de tous les Etats, dont l'intérêt com-» mun des nations doit provoquer la poursuite lorsque le coupable a l'au-» dace de se montrer dans le sein du gouvernement qu'il a voulu détruire. » Quant au français, qui a attenté à la vie d'un autre français, il est évi-» dent qu'il a blessé les lois de son pays. »

vrait-il pas être également puni pour une infraction si-
milaire commise à l'étranger? Evidemment ces dispositions
de l'article 7 n'étaient pas conçues dans le but de régénérer
un principe abandonné, mais toutes ces indécisions laissaient
subsister une lacune que les faits pouvaient bientôt signaler et que l'on s'est efforcé de combler depuis, sans tenir
compte des précédents fournis par le droit et par la
raison.

Le Code d'Instruction criminelle était à peine promulgué,
que deux Français se rendirent coupables d'un assassinat
d'un Italien en Italie et rentrèrent en France où la justice
désarmée par une imprévoyance du législateur les laissa
jouir d'une impunité scandaleuse. Après de légitimes réclamations portées au gouvernement français dans le but
d'obtenir la punition des meurtriers, le souverain tenant
compte des enseignements qu'avaient fait naître les discussions antérieures, décida ce point conformément aux
principes qui avaient acquis déjà une si grande force. Il
s'arrogea le droit de livrer les nationaux à la justice
étrangère ; mais ce droit fut contenu et limité par l'examen approfondi des causes d'où l'on pouvait inférer que
la culpabilité de l'individu existait réellement. Un décret
délibéré en conseil d'Etat et rendu le 25 octobre 1811,
portait :

Art. 1ᵉʳ. — « Toute demande en extradition faite par
» le gouvernement étranger contre un de nos sujets pré-
» venu d'avoir commis un crime contre des étrangers sur
» le territoire du gouvernement, nous sera soumise par
» notre grand juge, ministre de la justice, pour y être par
» nous statué ainsi qu'il appartiendra. »

Art. 2. — « A cet effet, la dite demande appuyée de pièces
» justificatives sera adressée à notre ministre des relations
» extérieures, lequel la transmettra avec son avis à notre
» grand juge, ministre de la justice (1). »

(1) Ce décret peut tirer son autorité de la doctrine des anciens partisants

Ce décret donnait, une fois de plus, raison à ceux qui professent comme nous en principe que la loi est exclusivement territoriale. Le meurtrier devait rendre compte de ses actes devant la justice du pays auquel appartenait la victime de son odieux forfait.

Il ne devait plus y avoir de nationalité pour le crime du moment où le sang avait été répandu, où une société avait été outragée. Cet élan généreux imprimé à la pénalité, peut-être un peu prématurément, rencontra des obstacles, des résistances injustes dans les susceptibilités égoïstes et mesquines des souverains italiens et allemands qui ne voulurent pas renoncer à leurs anciennes prérogatives, d'être les seuls juges de leurs sujets. Le décret resta inappliqué et devint une lettre morte. Cependant les haines nationales d'abord avivées par vingt années d'une lutte acharnée allaient s'affaiblissant ; les peuples étaient portés vers un mutuel rapprochement. Déjà vers 1819 le législateur français, par la suppression du droit d'aubaine, invitait les étrangers à venir s'établir sur le sol national. Par suite de cette fréquentation universelle des citoyens de différents pays, naissante alors, favorisée aujourd'hui plus que jamais par cette facilité des déplacements , les infractions commises par des nationaux sur le sol étranger, pouvaient se multiplier. Devait-on laisser se produire quelques abus résultant de l'impunité rarement accordée à des malfaiteurs qui, après avoir commis un crime et trompé la vigilance de la police du lieu, venaient dans leur pays tranquilles sur les suites de leur crime. Les législateurs étrangers ne le pensèrent pas plus que le législateur français ; seulement, tandis que le décret de 1811 restait inexécuté,

---

de la territorialité. Farinæius nous dit à ce propos : « Benè crederem » remitti ad locum commissi delicti : quæ remissio hodiè difficile est ut » obtineatur quando sumus sub diverso principe, sed aliquando etiam » conceditur quando principes inter se sunt benevoli et soliti in similibus » sibi invicem complacere. » Ce docteur se prononce donc pour l'extradition.

les souverains étrangers déclaraient dans des vues d'intérêt personnel que la loi pénale suivrait leurs sujets sur le territoire étranger, de façon à punir à leur retour les infractions qu'ils y commettraient. En effet, dans les Etats Romains, un règlement du 5 nov. 1831, décidait « que tout » sujet pouvait être arrêté partout pour un vol commis à » l'étranger. » Les Pays-Bas, la Belgique, la Sardaigne quelques années plus tard, atteignaient certains crimes perpétrés dans les mêmes conditions. Devait-on suivre de tels errements en France et proclamer aussi que la loi pénale française s'imposerait au national, habitant un pays étranger. Le décret de 1811 paraissait virtuellement abrogé par l'article 4 de la Charte de 1830, portant que la liberté individuelle était garantie et que personne ne pouvait être poursuivi, ni arrêté que dans les cas prévus par la loi et dans la forme qu'elle prescrivait.

Plutôt que de laisser toujours subsister dans nos Codes une lacune regrettable dont l'effet était de ne pas permettre la répression des crimes commis à la frontière, on eût un moment l'idée d'en venir à ce point. Le 16 mai 1843, M. Martin du nord, alors ministre de la justice, après avoir fait la déclaration qu'un principe de droit public en Europe s'opposait à l'extradition des nationaux, présentait à la Chambre des pairs un projet de modification de 19 articles du Code d'Instr. crim. conçu dans le sens de la personnalité de la loi pénale.

L'article 7 modifié, portait ce qui suit :

« Tout français qui se sera rendu coupable hors du territoire du royaume, soit contre un français, soit contre » un étranger d'un fait qualifié crime ou délit par la loi française, pourra à son retour en France, y être poursuivi » et jugé à la requête du ministère public, s'il n'a pas été » jugé définitivement en pays étranger.

» A l'égard des délits commis hors du royaume par un » Français contre un étranger, il ne pourra être dirigé de

» poursuites par le ministère public, que dans les cas qui
» auront été déterminés entre la France et les puissances
» étrangères par des conventions diplomatiques. »

La Commission fut d'avis de modifier le § 2, en ajoutant
en tête ces mots : *toutefois à l'égard des crimes et délits.* Ce fut sur ce point que porta l'ensemble de la discussion. Le gouvernement ne croyait pas qu'il fut nécessaire
de stipuler la réciprocité des nations étrangères dans les
cas de crime. Il existait une différence entre le crime et le
délit, et cette différence avait été marquée par le Code de
brumaire qui avait négligé la répression des délits. Avec
la nécessité d'une convention préalable. il pourrait arriver
qu'un Français fut poursuivi pour un délit commis au sein
d'une nation, et ne le fut pas pour un crime commis dans
une autre. L'innovation projetée se présentait d'ailleurs
comme une mesure prise surtout dans l'intérêt de l'Etat, et
il ne fallait pas dès-lors que l'action de la justice française
dépendit du bon ou du mauvais vouloir d'une puissance
étrangère. M. Laplagne Barris retraçait un tableau touchant du scandale offert par l'impunité des crimes commis à deux pas de la frontière et trouvait une amélioration dans la loi au point de vue de la morale publique. Les
adversaires du projet démontraient que sans la stipulation
de conventions qui permettraient de faire un certain choix
entre les crimes et les délits comme en matière d'extradition et de façon à ce que la poursuite ne fut pas laissé à
l'arbitraire de l'autorité ; la loi proposée serait impossible
dans la pratique. Sous le rapport de l'instruction du procès,
l'intérêt de l'action publique et celui de la défense réclamaient la présence de témoins, et sans de telles conventions, du reste faciles à conclure, puiqu'elles ne tendraient
qu'à assurer la sécurité publique, les témoins ne se rendraient pas le plus souvent. Ces raisons étaient produites avec une grande élévation de pensées par M. Persil
ancien procureur-général, M. Rossi, de Broglie, etc., c'est-
à-dire par des hommes de beaucoup d'expérience et d'une

grande science. Pour toute réponse, on reproduisait des raisons surannées, consistant à dire que la reconnaissance du droit de punir était indépendante des difficultés qu'il y aurait à l'exercer. Ces difficultés de faire la preuve de l'infraction n'avaient pas arrêté le législateur de 1808, et M. Martin du Nord ajoutait que de telles conventions ne produiraient pas tous les effets qu'on serait en droit d'attendre, car jamais dans les pays étrangers on ne pourrait édicter des lois obligeant les témoins à se transporter en France pour venir y déposer devant les tribunaux.

C'était la plus amère critique que l'on pût adresser à la loi, puisque devant cette insuffisance avérée de moyens d'instruction, tous les efforts de la justice devaient aboutir à l'impuissance de la répression. Tel est le rapide coup d'œil jeté sur l'ensemble d'une discussion fort intéressante qui ne dura pas moins de 6 séances et dont les détails sont de nature à jeter une vive lumière sur les principes dont nous nous occupons. M. Barthe fit deux propositions additionnelles à l'art. 7. La première qui fut rejetée faisait dépendre la poursuite en France, de la circonstance que le crime ou délit, serait punissable par la loi du pays où il avait été commis. La deuxième déclarait « que dans le cas » où la peine capitale serait prononcée par la loi française, » pour le crime commis à l'étranger contre un étranger ; la » peine la plus grave après cette peine serait appliquée, si la » peine capitale n'était pas prononcée par la loi du lieu où » le crime s'était passé. » Cette 2e proposition fort humaine d'ailleurs, fut favorablement accueillie. On passa de là à la discussion de 19 articles du Code d'Inst. crim., et après l'admission successive de chacun d'eux, la chambre des Pairs à la majorité de 68 voix contre 45, émit sur l'ensemble de la loi un vote de *REJET*.

Trois ans plus tard, le gouvernement tenant compte des leçons de l'expérience, apportait un projet analogue amendé dans le sens des idées qui avaient eu le dessus dans la discussion antérieure. La nécessité de conventions diplomatiques était reconnue pour les crimes et pour les délits. Mais il convenait de faire cesser, le plus tôt possible, une impunité qui était une sorte d'encouragement à des habitudes de vol et de brigandages existant sur les frontières. Cependant, à la suite de quelques récriminations, le gouvernement fut d'avis d'ajourner la discussion pour interroger les Facultés de droit et les corps judiciaires, sur la convenance et l'utilité de telles réformes. Voici qu'elles furent les questions soumises à leur appréciation.

1° Y a-t-il lieu d'étendre le droit de la justice française, non-seulement aux crimes mais encore aux délits commis par un Français contre un Français en pays étranger? 2° Y a-t-il lieu d'attribuer au ministère public le droit de poursuivre d'office ces crimes et ces délits? 3° Y a-t-il lieu d'étendre la compétence des tribunaux français aux crimes et aux délits commis en pays étranger contre un étranger? 4° Faut-il, dans ce dernier cas, subordonner la poursuite à l'existence de conventions diplomatiques stipulant la réciprocité? 5° L'action publique doit-elle s'arrêter, si le crime ou le délit a été définitivement jugé en pays étranger?

L'enquête terminée en 1847 vint apprendre que la Cour de cassation, 24 Cours d'appel, 6 Facultés admettaient que sans blesser le principe que la loi pénale est territoriale, la justice française peut être saisie de la répression de certains actes commis à l'étranger par nos nationaux.

Nous ne nous sentons ni le devoir ni le pouvoir de donner un aperçu simple et fidèle des opinions renfermées dans ces nombreux documents qui ont acquis surtout le mérite de la rareté. Nous allons seulement faire connaître, en quelques mots, l'opinion de la Faculté de Paris, parce qu'il est hors de doute qu'elle n'ait exercé une certaine influence sur l'esprit du législateur dans les projets ultérieurs. La Faculté se prononça négativement sur la quatrième question et affirmativement sur les autres.

Si le droit de punir, disait M. Ortolan chargé de faire le rapport, repose sur une idée de justice morale, jointe à une idée d'utilité sociale, on conçoit qu'un état soit désintéressé communément dans la répression d'un fait coupable commis à l'étranger. Mais des circonstances peuvent faire naître pour l'Etat un intérêt direct de conservation ou de bien-être social à la punition des coupables; par exemple, si l'acte a été commis à l'étranger contre cet Etat, si le coupable après avoir commis un crime dans un certain rayon des frontières, revient chez lui et est une cause d'alarme pour les habitants (1). C'est cette présence

(1) La Faculté de *Rennes*, dans le rapport de M. Hamoy, prend une autre voie pour arriver au même but. Après s'être attaché à démontrer que les lois de police et de sûreté n'embrassent pas toutes les lois pénales, elle pose deux règles :

1° Le Français, en pays étranger, est exempt des lois pénales qui regardent les obligations attachées à la seule qualité d'habitant du territoire national.

2° Le Français, en pays étranger, est soumis aux lois pénales qui sanctionnent les obligations inhérentes à la qualité de français. Ainsi, la loi française, qui décrète l'unité du mariage, suit le Français à l'étranger. Pourquoi la loi pénale, qui est la sanction de cette règle civile (erreur, puisque la loi civile a sa sanction dans la nullité de l'acte), la loi qui punit la bigamie ne le serait-elle pas aussi?

Or, tout Français est tenu, en cette qualité, aux devoirs naturels envers tous les hommes (respect de la vie de son semblable) et envers l'association politique, dont le but est la conservation de la liberté de tous les membres et de la propriété. Ces derniers font partie de son état civil et le suivent, avec leur sanction pénale, partout où il va. Sans avoir égard à la qualité de la victime, aux conventions diplomatiques, aux agissements de la partie lésée, aux prescriptions des lois étrangères, ni aux poursuites intentées au lieu du délit. C'est, comme on le voit, la théorie de la personnalité, avec toutes ses conséquences logiques.

La Faculté pensa que, lorsque la loi saisit l'infraction commise en pays étranger, elle impose au ministère public le devoir d'exercer l'action criminelle publique. En employant le mot *pourra*, c'est lui donner un pouvoir d'appréciation qui n'appartient qu'au législateur.

qui fait naître l'alarme publique, car on ne peut ni exclure
le coupable du sol français, ni le livrer à la justice étrangère. Avant d'aller plus loin, constatons le vice de ce raisonnement qui repose tout entier sur l'admission d'un principe dont nous contestons la valeur réelle. Car, si l'on permet d'extrader un national, cette prétendue alarme n'existera pas et le droit de punir passera aux mains de ceux qui sont le plus directement intéressés à l'exercer. La Faculté fut d'avis encore que la loi pénale atteignît les délits commis à l'étranger, mais par des raisons tirées de de la difficulté des preuves et du peu de danger social qu'ils entraînent, elle limita la répression aux délits punissables de 1 an à 5 ans d'emprisonnement.

Comme la loi pénale est mise en mouvement dans l'intérêt public et non dans l'intérêt particulier de la victime, on doit exercer la poursuite d'un crime sans distinguer la qualité de la victime, et sans attendre sa plainte. Avec le système des conventions diplomatiques, la souveraineté d'un pays se trouverait amoindrie devant cette idée de réciprocité qui ferait regarder la punition d'un crime comme un service rendu à une puissance étrangère. Il en résulterait aussi une inégalité démoralisatrice dans la loi pénale, le moins susceptible d'inégalité, en supposant un instant que tous les Etats ne se prétassent pas à de telles conventions.

Enfin, lorsque la juridiction du lieu du crime s'est prononcée sur une infraction, quelque soit la décision intervenue, l'action publique ne doit pas être exercée en France.

La Faculté de droit s'occupa en outre de la question de savoir si les crimes commis par les étrangers à l'étranger contre un Français sont punissables en France lorsque le

---

Il est aussi inexact de prétendre que la souveraineté d'un pays expire à la frontière ; elle peut s'exercer partout, pourvu qu'elle ne rencontre pas l'obstacle d'un Droit étranger.

coupable vient s'y réfugier ; elle déclara que cela devait être, car, bien que notre loi ne puisse étendre son mode d'action au-delà du territoiee, l'étranger est toujours averti par sa conscience du mal qu'il fait et du châtiment qu'il mérite.

Le 22 août 1849 une commission avait été nommée pour préparer la solution du problême qui devait être soumis à l'Assemblée Législative, mais ce ne fut qu'en 1852 que le Corps Législatif se trouva saisi du projet. M. Rouher, dans un court exposé de motifs, montrait la légitimité de la réforme proposée. En fait de crimes, disait-il, le Français qui donne la mort à un étranger au-delà de la frontière, dans son foyer, au milieu de sa famille est tout aussi coupable que s'il l'avait donné en deça de nos limites. L'impunité est un scandale qui soulève la conscience publique, devient un dangereux exemple, répand les mêmes alarmes. La France punit dans son propre intérêt, elle se rend service, et se donne satisfaction à elle-même ; elle rassure ses populations, elle protège la morale et défend son honneur en empêchant qu'on ne regarde son territoire comme un asile sacré pour les malfaiteurs. La dignité d'une nation consiste à faire chez elle ce qu'elle veut, parce qu'elle le veut et qu'elle le croit juste et utile. Par l'emploi de brillants euphémismes il s'efforçait ainsi de démontrer que la loi française demeurait territoriale en n'usurpant en rien la souveraineté étrangère ; qu'il ne fallait pas que notre loi restât impuissante devant le Français qui, se plaçant au dehors des frontières, attaquait par la voie de la presse, par la production de pamphlets le gouvernement et le système social tout entier. On ne devait pas non plus promettre l'impunité au contrefacteur étranger qui, après avoir ruiné nos savants, nos industuiels, venait en France insulter avec une fortune injustement acquise ceux aux dépends desquels il s'était enrichi. C'était l'innovation la plus grave renfermée dans la loi. Le gouvernement s'inspirant des idées émises par la Faculté de Paris, avait

décidé dans l'art. 6, « que tout étranger qui, hors du ter-
» ritoire de la France se serait rendu coupable d'un crime,
» soit contre la chose publique, soit contre un Français,
» pourrait, s'il venait en France, y être arrêté et jugé
» conformément aux lois lois françaises. » A l'égard des
délits commis par l'étranger, la poursuite était soumise
à des conventions diplomatiques.

Enfin, dans un dernier paragraphe, on reconnaissait à
la juridiction étrangère un droit de priorité sur la justice
Française pour la connaissance de ces crimes et délits;
mais il fallait, disait-on, prévoir le cas où, par négligence,
ou par mauvaise foi, la nation étrangère ne sévirait pas
contre son national, et alors la protection dûe au Français,
serait la juste compensation de celle que l'étranger trouverait dans la nouvelle loi. Cette disposition s'autorîsait
encore de dispositions analogues, renfermées dans plusieurs législations européennes (1). Elle fut admise malgré
les critiques judicieuses et sensées du marquis d'Andelare
qui voyait dans cet article 6, non pas l'extension d'un
principe, mais la consécration d'une doctrine repoussée
par les publicistes et les jurisconsultes (2). La loi entière
ne donna pas lieu à de longs débats, elle fut adoptée dans
la séance du 9 juin, par une majorité compacte de 195
voix contre 5.

Quelques jours s'étaient à peine écoulés que la disposition de cet art. 6 était signalée par lord Brougham et lord
Hyndhurst à la Chambre des lords d'Angleterre et y cau-
sait une vive émotion. Après l'échange de quelques pourpar-
lers entre les deux gouvernements Français et Britannique,
le comte Malmesbury venait annoncer à cette même Chambre

(1) Ainsi l'ont décidé le Code d'Autriche, de Prusse, de Bavière, art. 31 ;
d'Oldembourg, de Grèce, de Saxe, du Wurtemberg, de Sardaigne, de
Hanovre, de Norwège, de Bade.

(2) L'honorable député cite, à l'appui de son opinion, celle de Montes-
quieu, de Beccaria, de Sapey (*Livre des étrangers*), de Carnot, et de Prou-
d'hon.

le 25 juin, que le Gouvernement Français ne donnerait pas suite au vote du Corps législatif (1). Cette réforme sembla dès lors tout à fait abandonnée, lorsqu'on ne sait à la suite de quelles préoccupations, et après un délai de douze années, le *Moniteur* du 21 mars 1865 donnait l'exposé des motifs d'un nouveau projet de loi, ayant en vue la répression des crimes et délits commis à l'étranger. Ce projet a abouti l'année suivante et est devenu la loi du 27 juin 1866, dont le texte est rapporté à la première page.

QUESTION DE PRINCIPE.

Nous venons de retracer en quelque pages toutes les vicissitudes, toutes les défaillances, qu'a subies, aux époques diverses de notre histoire, le principe de la territorialité de la loi pénale. Nous l'avons vu exerçant son libre empire pendant toute la durée du monde Romain, se maintenant

(1) Voici les vrais motifs qui déterminèrent le gouvernement français à donner satisfaction aux plaintes du Parlement anglais. Dans le compte-rendu de la séance de la Chambre des Lords du 25 juin, on lit que le gouvernement français avait alors le désir de voir ratifier par le Parlement anglais une convention nouvelle d'extradition conclue avec Lord Malmesbury, et que la loi votée le 9 juin faisait obstacle à l'accomplissement de ce désir. Voici comment s'exprime à ce sujet le noble Lord : « La nouvelle de » l'introduction de la mesure dont on a parlé dans cette enceinte, a causé » dans cette chambre, on s'en souvient, une impression défavorable. Le » gouvernement français n'a pas plutôt été averti que cette impression était » hostile au projet de loi en délibération en France, qu'il m'a donné l'assu- » rance que ce projet de loi serait abandonné. » Ce qui n'empêcha pas la convention d'extradition d'échouer, faute de l'approbation du Parle- ment.

debout et inébranlable au milieu de toutes les ruines et tous les changements divers que provoqua l'invasion des Barbares. Un instant énervé par la force même des choses nées des institutions féodales, mais reprenant bientôt après son ancienne vigueur et aidant puissamment la royauté du XIII° siècle à conquérir sa suprématie et son autorité sur les seigneurs. Nous avons vu comment ce principe de la territorialité, devenu ainsi l'expression de la souveraineté royale à l'intérieur de notre pays, tendit par voie de conséquence à faire diminuer les poursuites des infractions commises par les regnicolles à l'étranger. Si la peine émane désormais de la puissance qui commande et dont la main est armée d'un glaive avec lequel elle frappe ceux qui méconnaissent sa volonté (1), on conçoit aisément que le chef de l'État ait gardé un sentiment de respect pour l'indépendance des souverainetés étrangères et leur ait reconnu le droit d'exercer chez elles cette puissance que tous nos rois ont prétendu tenir de Dieu pour établir et faire régner l'ordre au sein des sociétés humaines. Ce progrès marqué s'accomplit définitivement après quelques siècles, et à l'époque de 1789 nous trouvons la loi pénale territoriale. La législation intermédiaire ne modifia pas d'abord cet état de choses et ce ne fut qu'à la suite de certains abus regrettables qui se passaient sur les frontières, que la morale et l'intérêt social l'exigeant, on inséra dans l'article 11 du Code de Brumaire an IV, une disposition de nature à prévenir des crimes dont l'impunité devenait une cause d'alarme pour la population paisible de ces régions limitrophes. Cette exception posée à une règle générale pouvait sembler un reste de vieux préjugés, aussi le législateur, désireux de ne pas se montrer aux yeux d'une société nouvelle, le ministre de la justice divine, mais le protecteur obligé de la société, sentit la nécessité

—

(1) Mémoire de M. Molinier, présenté à l'Académie des Sciences, Inscriptions et Belles Lettres, en 1848.

d'inscrire quelques règles de droit public , en tête du premier monument de nos lois modernes. L'art. 3 du Code Nap. confirma le principe de la territorialité, en déclarant que la loi pénale frappe tous ceux qui, par un délit quelconque, troublent le repos et l'ordre dans l'étendue du territoire français. Deux ans plus tard, dans la discussion du Code d'Instruction criminelle, des hommes éminents ne voyant plus qu'un côté utilitaire dans la répression des crimes, sont tous d'accord pour ramener l'article 11 de Brumaire aux vrais principes qui doivent présider à la pénalité (1).

La loi sert à défendre l'Etat contre toutes les attaques qui lui viennent de l'extérieur; elle assure, de plus, une protection efficace à tous les membres composant la société qu'elle est chargée de diriger. C'est par ce motif qu'on punit le crime commis par un Français contre un Français au-delà de nos frontières, et qu'on ne permet pas à l'étranger victime d'un pareil crime de porter sa plainte devant la souveraineté française.

Ce principe de la souveraineté de la loi pénale qui revêt forcément le caractère de territorialité a régi notre pays jusqu'en 1866. On a édicté depuis des dispositions telles que l'ancien système de la personnalité, dont on ne peut concevoir la raison d'existence à notre époque semble s'être implanté, une seconde fois, sur notre sol pour y prendre racine. Nous aurons à démontrer que ce système de la personnalité appliqué dans toutes ses conséquences juridiques, heurterait le principe public de l'indépendance des nations, sans atteindre efficacement son but; tandis que le système de la territorialité sainement entendu, remplissant toutes les conditions d'une bonne et impartiale justice, ne laisserait pas impunies les infractions commises en pays étranger. Mais nous avons d'abord à faire connaî-

(1) Consulter M. Boitard, dans son *Cours de Code pénal.*

tre l'opinion de la plupart des publicistes qui ont écrit sur cette matière.

Nous arrêtant seulement aux auteurs modernes (1), nous voyons M. Pinheiró-Ferreira soutenir que la poursuite d'un national à raison d'une Infraction commise à l'étranger, peut avoir lieu, pourvu qu'il existe une plainte portée à l'autorité du pays. Schmalz (2) voudrait établir une distinction entre les faits qui, en eux-mêmes et en tous lieux, sont regardés comme crimes et délits et ceux qui ne rentrent pas dans cette catégorie ; les premiers seuls, seraient punissables. Cette opinion s'écarte sensiblement de la précédente. *Abegg* (3) et *Kluber* (4) admettent le principe de la territorialité, car d'une part l'Etat qui veut exercer des poursuites ne protégeait pas celui qui a été lésé sur le territoire où le fait criminel s'est passé et, d'autre part, les lois de cet Etat n'avaient pas d'empire sur l'auteur du fait. Mais la poursuite peut exister *exceptionnellement* lorsque l'Etat étranger où le fait a eu lieu, la requiert ; lorsque dans l'Etat où la poursuite doit être exercée, il existe une loi qui punit les faits commis à l'étranger. *Wens* (5) *Cosman* (6) sont plus radicaux ; ils admettent le principe de la territorialité poussé à ses dernières limites et sans avoir égard au cas où la victime serait un national, ou bien la nation même, qui veut poursuivre. *Feuerbach* (7) soutient que lorsque la lésion a lieu au préjudice d'un autre regnicole ou de sa nation, le regnicole reste soumis aux lois pénales de sa patrie dont l'application ne saurait

(1) Voyez la liste des auteurs anciens cités dans les œuvres de Farinacius.

(2) Voyez l'ouvrage de M. Fœlix, *Traité de Droit international privé.*

(3) *De la punition des crimes et délits commis à l'étranger,* §§ 28, 35, 36, 41.

(4) *Du droit des gens de l'Europe,* § 63.

(5) *De delictis et sect.,* 2, §§ 1 et 5.

(6) *De delictis,* 4º, §§ 2 et 3.

(7) *Manuel du Droit pénal commun,* en vigueur en Allemagne, § 31.

être écartée par suite de son absence momentanée ; c'est la théorie du code de 1807. *Rudolph* (1) et *Tittman* (2) partagent cette même opinion. M. *Mittermaier* (3) admet le le principe de la territorialité, mais il excepte le cas où une disposition législative permettrait la poursuite. D'après M. *Story* (4) les crimes et délits ne peuvent être punis ailleurs que dans le lieu où ils ont été commis. *Martens* se tait sur cette question. Ainsi, les auteurs cités sont en majorité pour reconnaître que la loi pénale est en principe territoriale et, s'ils posent une exception à cette règle, ils demeurent d'accord pour en restreindre, de plus en plus, l'application.

Parmi nos criminalistes français, la plupart, représentants de l'école eclectique, tels que : Boitard, Rossi, de Broglie, Guizot, de Rémusat, etc., se rapprochent du système de la territorialité. Cette opinion ressort des attaques qui furent dirigées par plusieurs de ces illustres maîtres contre le projet de réforme de 1843 et du fond même de la théorie sur laquelle ils fondent le droit de punir. Un acte contraire à la loi morale n'appelle une répression qu'autant qu'il lèse les intérêts de la société. Cette théorie se concilie parfaitement avec le système qui réclame la punition du crime et du délit dans le lieu où ils ont été commis.

Mais sur quelles bases repose le système de la personnalité de la loi pénale ?

On a dit qu'il était moral, et en même temps utile pour la société, que la loi pénale ne cessât d'obliger le Français quand il a franchi les frontières de son pays. Si la loi civile française, qui règle la capacité du Français et son aptitude juridique à faire certains actes le suit à l'étranger, si ses commandements réclament partout son obéissance,

(1) *De pœnu delict.*, §§ 10 et 12.
(2) *De la justice criminelle sous le point de vue du droit des gens*, p. 18.
(3) *Notes sur Fuerbach.*
(4) §§ 620-622, *Traité du conflit dés lois étrangères et nationales.*

pourquoi n'en serait-il pas de même de la loi pénale qui est l'expression d'un intérêt général? Pourquoi l'Etat n'aurait pas la faculté de faire de la loi pénale une sorte de statut personnel, quand il a pu donner ce caractère à une partie de la loi civile (1)? — Et quand la loi pénale suit le Français pour le défendre contre les offenses qu'il éprouve à l'étranger (2), pourquoi ne mériterait-elle pas de s'imposer à son respect? Quoi de plus moral que cette réciprocité de devoirs et de protection? — Aujourd'hui, un principe de droit public ne permettant pas l'extradition des nationaux, il faudra laisser impunis les malfaiteurs qui seront parvenus a tromper la vigilance de la justice du lieu du délit. C'est ce que n'ont pas voulu les législateurs modernes, et dans presque tous les Etats de l'Europe, pour empêcher les progrès du crime, on a proclamé l'empire de la loi du pays d'origine sur les infractions commises à l'étranger. Telles sont les raisons principales que font valoir les partisants du système de la personnalité, raisons plus spécieuses que solides et dont nous allons présenter la réfutation.

En premier lieu, on invoque un motif de justice sociale et l'on adresse aux partisants du système opposé le reproche de méconnaître les bases sur lesquelles repose le droit de punir. Pourquoi dit-on lorsqu'un national, après avoir foulé aux pieds la loi de l'hospitalité qu'il recevait à l'étranger, après avoir oublié ses devoirs les plus naturels, qui consistent pour l'homme dans le respect de la vie de son semblable, vient en France, y serait-il comme dans un lieu d'asile à l'abri de toute pénalité. Est-ce que les deux conditions de justice morale et d'utilité sociale qui font naître le droit de punir, ne se trouvent pas remplies? La loi morale a été violée, il est aussi de l'intérêt de l'Etat,

(1) Exposé des motifs. *Moniteur* du 21 mars 1863, 5° colonne.

(2) C'est une erreur qu'Abegg et Kluber ne prennent pas la peine de relever.

au point de vue de sa dignité, de l'ordre et de la paix qui doivent régner à l'intérieur, de faire cesser le scandale et le trouble que provoque le retour d'un meurtrier couvert du sang de sa victime. Voilà une première objection présentée dans toute sa force et sous les couleurs les plus favorables à son succès ; apprécions-en la valeur.

En supposant qu'il n'existe d'autres moyens de faire cesser cette alarme publique que de s'arroger le droit de faire le procès au coupable, un premier inconvénient nous choque et nous arrête. On reconnaît, en effet, que si le meurtrier était resté en pays étranger, sa nation n'aurait pas à lui demander compte d'un acte qui, à son égard, ne constitue qu'une offense à la loi naturelle, puisque nous supposons, d'une part, qu'un crime a été commis hors de la frontière de France et que d'autre part l'action des tribunaux français n'est sollicitée que par un intérêt spécial, celui du maintien de l'ordre à l'intérieur du pays. Mais le coupable rentre dans sa patrie, et comme à son retour, l'Etat peut être intéressé à ne pas laisser le crime impuni, on va déclarer que la loi pénale est personnelle, en ce sens, qu'elle obligera le national résidant à l'étranger. Mais, si la loi pénale s'impose désormais à nos concitoyens et les suit comme leur ombre, partout où ils portent leurs pas, pourquoi lorsque l'un d'eux commettra un acte répréhensible aux yeux de la loi pénale, attendra-t-on son retour pour lui infliger le châtiment encouru ? Pourquoi ne pas le juger par contumace ? La violation de la loi ne légitime-t-elle pas elle seule l'application d'une peine ? En définitive, ce qu'il y a de coupable dans la conduite de l'agent, ce n'est pas son retour, mais son acte de rébellion, et cependant, c'est parce que le citoyen français sera venu en France qu'on se croira autorisé à le juger et à le punir ! Cette première atteinte portée aux conséquences rationnelles d'un principe posé, cette condition du retour qui tient, pour ainsi dire en suspens, la légitimité d'un droit à exercer, démontrent surabon-

damment l'intérêt tout-à-fait secondaire que le pays d'origine peut avoir à réprimer ces sortes d'infractions, à côté
de l'intérêt majeur et incontesté que nous ne pourrons
méconnaître plus tard à la nation qui a essuyé, tout à la
fois, une offense et une lésion.

Mais cet intérêt secondaire dont nous venons de parler,
ne sera-t-il pas le plus souvent chimérique, s'il est vrai de
dire qu'un crime ne cause une sérieuse alarme, un danger
réel pour la société, qu'au lieu même où la victime a été
frappée, et si le meurtrier de retour dans son pays, peut-
être subissant moralement la peine que la loi applique à
son infraction, s'attache à faire disparaître tout indice de
nature à révéler la perpétration de son crime. L'Etat ne
sera pas intéressé dans ce cas, à réprimer une infraction
ignorée de tous. Le sera-t-il d'avantage, lorsqu'on voudra
atteindre les délits, c'est-à-dire des faits délictueux sans
gravité, et regardés parfois avec indifférence dans le lieu
où ils se passent. Un Français pratiquant l'usure dans un
pays où cet acte est autorisé et parfaitement licite, ne cause
aucun préjudice, il agit innocemment aux yeux de l'autorité qui le protége, et cependant, si l'on veut rester fidèle
au principe innové, il faudra punir ce Français sans attendre même son retour, parce que notre loi pénale prohibe
l'usure, parce que notre loi pénale oblige le national en
quelque lieu qu'il se trouve.

Insistons encore sur ce point, et montrons dès à présent,
que si dans quelques cas, d'ailleurs fort rares, l'intérêt que
l'Etat peut avoir à réprimer un crime, existe d'une façon
irréfragable, cet intérêt ne va pas jusqu'à légitimer
l'exercice de ce droit de punir dont il se prétend investi.
Nous voilà forcément amenés à discuter la théorie sur
laquelle repose le droit de punir. — Nous n'examinerons pas
dans leur esprit et dans leurs conséquences, les huit ou neuf
systèmes différents, que les publicistes éminents de notre
époque ont formulé sur cette matière. Ce serait là une
tâche capable de nous faire perdre entièrement de vue le

but que nous voulons atteindre. D'ailleurs, après les travaux d'analyse si remarquables par leur précision auxquels s'est livré M. Bertauld dans son *cours de Code pénal*, il y aurait une sorte de témérité et d'orgueil de notre part à vouloir redire ce que d'autres ont dit avant nous et à produire des idées déjà présentées dans toute leur force avec talent et une incontestable supériorité. C'est pourquoi nous nous bornerons à présenter sur cette question, quelques considérations, qui ont un rapport direct avec notre sujet, et qu'il est indispensable de faire passer sous les yeux des lecteurs, pour les convaincre du mérite de nos assertions.

Laissant de côté ces divers systèmes de vengeance, d'intimidation, du contrat social, de l'utilité du plus grand nombre, de justice absolue, nous arrivons au système de légitime défense qui a été invoqué dans le cours de la discussion de la loi de 1866. Le rapporteur de la commission, M. Nogent Saint-Laurent, reprenant l'opinion de MM. Romagnosi, Rauter, Frank, Charles Comte, Lucas, à fait dériver le droit de punir du droit de légitime défense qui appartient à la société contre ceux qui attaquent les personnes, les propriétés, et troublent ainsi la sécurité générale. Mais avec une telle théorie, il est aisé de concevoir qu'un fait délictueux ne soit réprimé que par la justice du lieu où le fait s'est passé. C'est à la nation qui a éprouvé un dommage résultant de la privation de l'un de ses membres et du mauvais exemple donné, qu'il appartient de châtier celui qui s'en est rendu l'auteur; et de quel droit, le pays d'origine se prétendant investi, viendrait-il se charger de la répression d'un crime qui ne lui a occasionné aucun tort, aucun préjudice? A quel titre exercerait-il ce droit de légitime défense, lorsqu'il n'a été aucunement provoqué à se défendre? Evidemment, nous n'éprouvons pas le besoin de nous étendre plus longuement sur un point suffisamment éclairci.

Mais, nous dit-on, avec le système qui déduit le droit de punir de la combinaison de deux idées, l'idée de

justice morale et l'idée d'utilité sociale, l'application de la
peine devient fort légitime dans le cas qui nous occupe.
A cela, ne suffirait-il pas de répondre encore avec M. Bertauld, que ce système paraît aujourd'hui manquer d'exacti-
tude ; car le pouvoir social, armé du droit d'infliger des
peines, ne peut être regardé comme un mandataire ou
délégué de la justice éternelle, chargé d'avancer le règne
de Dieu sur la terre. Est-il besoin de démontrer que, tandis
que la justice divine se charge seule d'assurer un jour le
triomphe du bien et la réprobation du mal, la justice
sociale, dont l'objet est contingent, relatif, défini, se pro-
pose uniquement la conservation de l'ordre, au sein des
sociétés ; que le pouvoir humain n'a pas de moyens pour
apprécier exactement l'étendue d'expiation que réclame
la loi morale, lorsqu'elle est enfreinte, et que dès lors, le
pouvoir, n'a à se préoccuper que de la violation de la loi
et de certaines nécessités éventuelles, en vue de l'intérêt
public. Le mal social, résultant de l'infraction au com-
mandement; voilà ce que la justice sociale poursuit. Dès-
lors, le droit de punir dérive nécessairement du droit de
commander, c'est une pérogative que le souverain, c'est-à-
dire la loi exerce dans la limite de sa puissance. Ce point
a été savamment développé par un orateur au Corps Législatif en termes nets et précis. On nous saura gré d'en rapporter le fragment suivant (1).

« Le droit de punir, ne saurait dans les sociétés humaines
» être absolu. Le droit de punir absolu n'appartient qu'à
» Dieu, car lui seul est souverainement bon et souveraine-
» ment juste. L'homme n'a pas le droit de punir son sembla-
» ble, l'homme a le droit de se conserver et de se défendre, et
» les sociétés qui ne sont que des collections humaines, ne
» peuvent aussi emprunter le droit de punir au sentiment
» du juste qu'à la condition que ce droit soit renfermé dans
» les nécessités de la conservation et de la défense. Il faut

(1) M. J. Favre, *Moniteur* du 33 mai 1866.

» que ce droit de punir qui, en effet, a son origine céleste
» dans la justice, mais qui est pratiqué par les hommes et
» nécessairement dirigé par leurs propres faiblesses et par
» toutes les nécessités passagères auxquelles ils sont fata-
» lement sujets, il faut que ce droit de punir pour être légi-
» time s'enferme d'abord dans le cercle de la loi ; il faut
» aussi qu'il respecte l'intérêt social, il faut qu'il respecte
» l'intérêt du citoyen qui est poursuivi. Ce sont des néces-
» sités qui doivent se concilier, pour que le droit de punir
» conserve sa légitimité, et dès-lors, ne voyez-vous pas ap-
» paraître avec la clarté de l'évidence, cette vérité, que le
» principe du droit de punir, est un acte de souveraineté ;
» il s'affirme dans la législation qui émane du souverain,
» il s'applique au pays que cette législation régit, et par
» conséquent, il expire à la frontière. En dehors, il se ren-
» contre d'autres souverainetés qui s'exercent dans des con-
» ditions analogues, elles ont promulgué des lois, elles les
» font respecter, elles aussi frappent sans aucune distinc-
» tion d'origine, tous ceux qui commettent des infractions
» à ces lois. »

En présence de telles affirmations saisissantes de vérité
et de justesse, notre conclusion immédiate est très simple.
La loi penale tient du statut territorial par *sa nature*,
puisque l'ordre qu'elle est chargée de maintenir, n'est troublé
que dans le lieu où le fait délictueux s'est accompli, et par
ses effets, puisque l'action publique ne peut étendre son
mode d'action au-delà de la souveraineté qu'elle représente.

A ceux qui désireraient une assimilation complète de la
loi pénale et de la loi civile, qui sans se préoccuper du caractère et des effets du statut personnel voudraient reconnaître au législateur la faculté de défendre au Français
de commettre un crime ou un délit à l'étranger, comme il
lui défend de tester, de se marier, de s'obliger en dehors de
certaines prescriptions, montrons-leur tout ce que leurs
vœux renferment d'inconséquences fatales et dange-
reuses.

La loi civile qui n'est que la règle des rapports sociaux entre les membres qui composent une même association, a pour objet surtout de fixer l'état et la capacité des personnes ; elle permet de distinguer à l'accomplissement de certaines conditions le national de l'étranger, le majeur du mineur, l'enfant naturel, adoptif de l'enfant légitime ; elle entoure la célébration du mariage de diverses formalités parce que la femme sera désormais soumise à la puissance maritale et les enfants qui naîtront à la puissance paternelle ; elle place le mineur sous la direction du tuteur par des motifs d'intérêt général ; de même, elle contient dans de justes limites le droit de faire des libéralités par actes entre-vifs ou à cause de mort, etc., etc. Mais quelles raisons a-t-on eu de décider que toutes ces prescriptions de la loi civile demeuraient obligatoires pour le Français qui a quitté le sol national. On a dit (1), en supposant le cas où un Français voyagerait en pays étranger, que si le statut personnel ne l'accompagnait pas on verrait se produire ce singulier résultat que l'individu changerait d'État et de capacité en changeant de pays ; qu'il serait successivement et souvent en très peu de temps, tantôt majeur, tantôt mineur, capable ou incapable suivant que la législation du lieu avancerait ou retarderait l'époque de la majorité. Il y aurait là sans doute de graves inconvénients qui seraient de nature à rendre moins fréquentes les relations extérieures ; mais il existe, ce semble, une raison plus simple de cet assentiment tacite et unanime des nations au respect des commandements de la loi civile étrangère. Un Français à l'étranger conserve toujours son état et sa capacité civile que lui attribue la loi du pays d'origine, parce qu'il conserve sa qualité de citoyen français ; c'est parce qu'il demeure étranger à la société qu'il vient seulement visiter, et que jusqu'à présent le souverain étranger n'a pu lui dire : *Vous cesserez d'être fran-*

(1) Rodenburg, tom. I, chap, III, n° 4.

çais pendant le temps que vous passerez chez nous, que le statut personnel de l'individu qui caractérise sa nationalité sera maintenu, que les conditions requises de sa capacité ne seront pas changées.

Le principal effet de ce statut consistera à soustraire les actes de la vie civile de ce Français aux réglementations des lois étrangères, et si nous supposons un instant qu'un différent se soit élevé entre deux Français résidant en pays étranger ; les juges du lieu ne pourront faire l'application de ces mêmes lois aux parties qui viendront leur adresser leurs plaintes, parce que leur statut personnel les accompagne et qu'elles sont protégées par la souveraineté française à laquelle ces juges étrangers ne peuvent ni ne veulent toucher.

Mais cet effet qui caractérise si énergiquement le statut personnel, sera-il admissible, lorsqu'un Français commettra une infraction aux lois de police et de sûreté que les nations ont édictées aussi en vue de leur conservation? Le français devenu criminel devra-t-il être écouté lorsqu'il réclamera comme un bénéfice de son statut personnel la faculté d'être jugé devant les tribunaux de son pays par des juges français et conformément à la procédure en usage devant nos tribunaux. Certes, non ; et personne ne contestera à cette nation attaquée, le droit d'arrêter le coupable et de lui faire son procès. Et si l'on demande la raison qui l'empêchera de se désaisir du coupable pour le livrer à la justice étrangère, c'est que la prérogative de citoyen étranger a expiré cette fois devant la toute puissance de la souveraineté du lieu; c'est que le Français était soumis à cette loi étrangère et parce qu'il l'a blessée il est atteint par elle.

S'il en était autrement, si une nation devait s'incliner devant la souveraineté étrangère lorsqu'elle voudrait punir l'individu qui est venu chez elle troubler l'ordre public, il faudrait alors supprimer de notre Code Napoléon, l'art. 3 déclarant que les lois de police obligent tous ceux qui habitent le territoire. N'avions nous pas raison de dire qu'en enlevant à une société le droit de se défendre, en refusant de lui reconnaître sous le vain prétexte de nationalité le droit de punir un étranger qui vient l'attaquer chez elle, ce serait anéantir le principe de l'indépendance de la nation outragée, ce serait lui enlever sa liberté d'action, ce serait enfin lui imposer l'autorité étrangère sans garder le respect de la sienne. Reconnaissons donc que de même que l'étranger venant en France devient sujet de notre loi pour toutes les infractions dont il se rend coupable, de même le Français à l'étranger devient justiciable de la législation du pays qui le reçoit et ne saurait invoquer sa qualité de citoyen français pour éviter une répression si ligitime à tous les titres.

Avec ce système de la personnalité, il se produira un autre résultat déplorable. Le Français à l'étranger sera soumis à la fois à une double législation ; à la loi de son pays qui le suit, à celle du lieu où il va qui l'oblige tout en le protégeant. Et cela est si évident que nous ne répondrons rien à l'excuse allégué en vue de détruire cette anomalie et tirée de ce que le criminel ne tombe sous le coup de la loi française, que lorsqu'il a fui la justice étrangère et n'est pas soumis à deux lois, mais à *l'une ou à l'autre* (1), par la raison que l'on reconnaît en France, aux arrêts rendus par les tribunaux étrangers, l'autorité de la chose et que le coupable est protégé par la maxime humanitaire non *bis in idem*. Sans doute, le coupable n'aura pas encore l'inconvénient d'être jugé et puni deux fois pour un même fait ; mais il sera néanmoins tenu d'obéir à deux maîtres à la fois qui pourront lui donner souvent des ordres contradictoires. Un savant criminaliste, M. Faustin Hélie, fait observer, à ce sujet, que les incriminations se résument en général dans les mêmes faits ; car la consience humaine flétrit les mêmes actes dans tous les pays et une

______

(1) M. Bonjean. *Monit.* du 23 juin.

chaîne de montagnes ou les rives d'un fleuve ne suffi-
sent pas pour changer la nature d'une action. Ces raisons
ne sont pas d'une vérité absolue, et du moment que le législateur ne punit qu'en vue de la conservation de l'ordre
social, et que cet ordre dépend d'une grande variété de
causes, du moment qu'autour d'un élément fixe sans lequel
aucun ordre moral ne peut s'établir, de telle sorte, que la
règle du bien et du mal domine nécessairement toutes les
institutions sociales, viennent se grouper d'autres éléments
fort divers ; beaucoup de faits sont incriminés dans certains pays et ne le sont pas dans d'autres ; par ce même
motif le législateur qui punit, non dans la proportion morale de l'infraction, mais des intérêts sociaux, n'épuise pas
sa sévérité, dans tous les cas ; se montrant tantôt sévère
quand l'intérêt social l'exige, tantôt modéré quand il y a
lieu à modération et parcourant ainsi, suivant les besoins
et les dures nécessités auxquelles il se voit astreint, tous
les degrés successifs de l'échelle de la pénalité. Voici donc
l'espèce d'injustice qui résultera inévitablement du principe reconnu de la personnalité. Un Français à l'étranger
dévoile des secrets de famille de façon à blesser plusieurs
individus dans leur honorabilité. Un tel acte passera inap-
perçu dans un pays où la loi réprime légèrement ce fait,
ou souvent la justice en néglige la poursuite ; mais ce national, à son retour en France, se verra traduit devant la
police correctionnelle et condamner à des peines autrement graves, car c'est la loi française qu'on appliquera et
non la loi étrangère. Nous démontrions naguère le peu
d'utilité qu'il y aurait pour l'Etat a rechercher les délits
commis au-delà de nos frontières ; maintenant nous parlons en faveur du prévenu ; c'est l'intérêt de tout Français
éloigné de son pays que nous défendons en dévoilant la situation qui lui est faite et qui n'est que le résultat logique
du système que nous combattons.

Mais nous objecte-t-on encore, quelle sécurité, quelles
garanties présenteront les rapports que la civilisation mo-

derne tend à multiplier entre les nations (1), si vous n'admettez pas qu'un national puisse être puni pour une infraction commise en pays étranger, et si la France continue à assurer l'impunité à une classe de malfaiteurs qui viennent chercher un lieu d'asyle dans leur pays après avoir commis des crimes ou des délits dans un lieu qui n'est séparé de notre territoire que par une limite idéale ; c'est vouloir proclamer la loi brutale de la force et l'état de de barbarie. Les crimes vont se multiplier et les frontières devenir un théâtre sanglant de meurtres et de pillages (2).

Ecartons ce reproche qu'on nous adresse de paraître quasi protéger les malfaiteurs ; personne ne réclame leur impunité. Mais nous recherchons en ce moment quelles sont les conditions de nature à offrir les meilleures garanties d'équité et même de sévérité lorsqu'il s'agit de poursuivre les crimes et délits commis à l'étranger ; tel est le problème à résoudre. Nous avons déjà constaté que le trouble causé par l'apparition d'un coupable dans sa patrie ne donnait pas à celle-ci le droit de le punir, qu'un droit antérieur, un droit acquis appartenait à la nation qui avait vu sa loi méprisée, l'ordre compromis et un scandale causé. Nous montrerons bientôt que cette nation aura les moyens les meilleurs et les plus naturels pour établir la vérité des faits ; et dès lors, pourquoi les principes géné-

---

(1) Rapp. de M. Nogent Saint-Laurens, 2ᵐᵉ colonne. — M. Bonjean, page 806, 1ʳᵉ colonne du *Moniteur*.

(2) M. Laplague-Barris, en 1843, cita dans le cours de la discussion à la Chambre des pairs, un fait qui paraît avoir laissé une profonde et durable impression. Il avait connu un Français qui, après avoir immolé en Prusse sa sœur et son beau-frère, sujets prussiens, était rentré en France où il avait pu vivre impuni. Le fait était déplorable, mais aussi tellement exceptionnel, que dans un long cours d'années on n'a pu trouver un exemple approchant, et depuis lors, les adversaires du système terrritorial ont vécu sur l'anecdote de M. Laplague-Barris. Ce fait ne prouvait tout au plus que la nécessité d'étendre aux crimes les plus graves commis contre les étrangers les dispositions de l'article 7 du Code de 1808.

raux de la territorialité ne recevraient pas leur application en cette matière.

Ces principes nous les trouvons décrits dans l'exposé des
motifs dans les termes suivants : « Supposez que le crimi-
» nel parvienne à échapper à la police de l'Etat où le
» crime a été commis et rentre dans son pays d'origine, la
» justice étrangère pourra-t-elle l'y ressaisir? Cela serait
» juste et raisonnable, car le mal ne doit pas rester impuni
» dans un Etat social bien ordonné ; or, c'est la nation qui
» a souffert le dommage principal et c'est elle encore qui,
» possédant d'ordinaire les moyens d'instruction les plus
» faciles et les plus sûrs présenterait les meilleures garan-
» ties pour la répression (1). »

Ainsi toutes les difficultés se résolvent d'elles-mêmes
par un procédé fort simple : L'extradition du coupable,
c'est-à-dire l'acte au moyen duquel un Etat livre le prévenu d'une infraction commise hors de son territoire à un
autre Etat dont la justice est compétente pour juger cette
infraction et la punir.

C'est la doctrine professée dans leurs écrits par les publicistes : tels que Grotius, Vattel, Burlamaqui d'une part
et Puffendorf, Kluber, Martens, Mittermaier d'autre part.
Les uns regardant l'extradition comme obligatoire lorsque la nation intéressée la réclame, les autres voulant que
les nations stipulent la réciprocité dans des traités. Cette
dernière opinion, beaucoup plus sage en ce qu'elle respecte
l'indépendance des Etats, avait été consacrée dans l'ancien
droit par divers traités d'extradition conclus entre les
nations (2). On n'y distinguait pas la qualité de l'extradé,
qu'il fut national ou étranger, cela importait peu, et c'est
dans ce sens que plusieurs conventions de ce genre sont

____

(1) *Moniteur* de 1865. Exposé des motifs de M. Langlais, 5ᵉ col.

(2) Traité de la France avec les Pays-Bas. (Ordonn. du 17 août 1736.
Avec le Wurtemberg, 27 mars 1759.) Avec l'Autriche (6 septembre 1766.
Avec la Suisse, 28 mai 1777. Avec l'Espagne, 29 septembre 1765.)

intervenues depuis. Ainsi, aux Etats-Unis, dans un pays presque aussi vaste que notre Continent européen, l'acte fédéral du 17 septembre 1787 consacrait dans son article 4, section II, l'extradition réciproque entre tous les Etats des individus accusés de crimes commis dans un autre Etat (1).

L'ordonnance du 1er septembre 1820, de l'électeur de Hesse, accorde l'extradition du régnicolle qui a commis un crime ou un délit à l'étranger, pourvu que le tribunal étranger réclame l'extradition et assure la réciprocité dans les cas analogues.

Par l'article 10 des traités du 9 août 1842, entre les Etats-Unis et l'Angleterre, chacune des puissances s'engage à livrer les regnicolles ou les étrangers, accusés de crimes graves, dont une énumération suit, commis dans la juridiction de la partie requérante.

En face de ce progrès marqué par les Etats, où la liberté politique a été de tout temps la plus grande, on oppose la raison suivante : Un principe de droit public, aujourd'hui en vigueur, ne permet pas à une nation de livrer ses regnicolles à la juridiction d'un autre pays, et l'on cite, à l'appui de cette assertion, bon nombre de législations des pays allemands (2) et plusieurs considérations morales tirées de ce que l'accusé ne peut être distrait de ses juges naturels; qu'une fois rentré en France on ne saurait lui refuser le bénéfice de notre loi; qu'en ne perdant pas sa qualité de français, il n'a pas cessé de mériter la faveur d'être jugé devant ceux qui le connaissent, parlent sa langue et peuvent le mieux tenir compte de ses antécé-

---

(1) Voy. Martens, tome IV, page 288.

(2) Ainsi le décident le Code pénal de la Bavière, articles 51, 52; le Code pénal Prussien; une ordonnance antérieure au Code du 7 fevrier 1820, pour le royaume de Saxe; une Constitution de Saxe-Altembourg, du 29 avril 1831, réclame la réciprocité; une Constitution du duché de Brunswick, art. 206. Idem pour le Hanovre, ordonnance royale du 26 fév. 1822, etc., etc.

dents ; qu'il serait vraiment inhumain qu'à la suite d'une dénonciation venue de l'étranger, un Français, placé sous la présomption de l'innocence, pût être enlevé à la justice de son pays pour être livré à des procédures ignorées de nous et souvent contraires aux nôtres (1).

Nous répondons d'abord en ce qui touche le premier point, que si la plupart des législations allemandes, ont refusé de livrer leurs nationaux reconnus coupables de crimes, cela ne tient pas assurément à l'application des principes les plus purs du droit public, mais à la raison unique qui a fait étendre le principe de la personnalité dans ces mêmes Etats ; à ce soin jaloux que les petits souverains ont eu de ne reconnaître à personne le droit de juger ceux qui leur sont soumis ; c'est parce que ces derniers ont prétendu revendiquer leurs sujets ; qu'ils se sont ménagés parfois la satisfaction d'être agréables à un prince étranger, en lui livrant celui dont il avait à se plaindre. C'est à la source de l'histoire que nous puisons ces incontestables vérités.

Nous dirons en réponse aux considérations morales mises en avant, qu'on a exagéré à plaisir, la position de l'accusé devenant la victime d'une intrigue ourdie à l'étranger et d'un excès de condescendance de la part du gouvernement français vis-à-vis la souveraineté étrangère. Mais c'est la situation de l'inculpé qui nous touche ; ce sont les intérêts de la défense que nous voulons sauvegarder avant tout.. Est-ce à dire que l'action publique doit être sacrifiée ? les avantages qu'elle poursuit ne méritent-ils pas un égal respect ?

Supposez un Français devenu l'auteur d'un crime sur le territoire étranger, il est traduit devant la justice du lieu et après un jugement intervenu condamné à subir la peine prévue par la loi de ce pays. La France réclamerait-elle contre la sentence prononcée ? Non, parce que la nation étrangère, nous l'avons dit, a veillé

(1) M. Vuitry. *Moniteur* du 31 mai 1866.

à sa conservation en faisant respecter sa loi, elle a usé de ses droits de défense, en punissant celui qui a dirigé contre elle une injuste agression, et parce que ce malfaiteur aura eu assez d'habilité, une audace suffisante pour se soustraire à la police du lieu, dès ce moment vous déclarez que le droit de punir a cessé d'exister pour cette nation. Mais en vérité nous pouvons retourner le reproche que nous adressaient naguère les partisants du système de la personnalité et leur dire à notre tour: vous allez récompenser le coupable, vous allez devenir les complices involontaires de ces abus regrettables dont vous voulez prévenir le retour; car, en exigeant que ces malfaiteurs comparaissent devant la justice française, vous n'obtiendrez pas le plus souvent des preuves évidentes, irrécusables de leur culpabilité et après un simulacre de procès, vous serez dans la nécessité de prononcer leur acquittement. En effet, ainsi que le faisait observer en 1843 MM. Persil et Rossi, des difficultés sans nombre viendront arrêter les informations de la justice française: l'accusation a ses preuves à l'étranger; il y a des vérifications à faire sur les lieux, des témoins à appeler. Sera-ce une chose facile que d'exercer une poursuite en France pour un crime commis à 80, 100 lieues de l'endroit où le procès est jugé. Que de lenteurs dans l'information. Il faudra que le procureur impérial du lieu où le Français sera arrêté envoie les citations au Garde des Sceaux, celui-ci au Ministre des affaires étrangères, ce dernier au ministre des affaires étrangères du lieu où seront les témoins, et tout cela sans que les personnes interpellées soient tenues de répondre. Ainsi donc lenteurs et refus fréquents d'obtempérer aux mandements de la justice. D'un autre côté quelle position fait-on au prévenu? Sans parler des difficultés d'appréciation morale qui peuvent faire varier la culpabilité du fait selon les lieux, les garanties de la défense n'existeront pas s'il est aussi vrai de dire que les témoins a décharge ne se rendront pas le plus souvent, ni sur citation, ni sur sommation à l'appel que leur adressera l'inculpé. Restera la ressource des informations écrites; alors la vie ou la liberté d'un citoyen français pourra dépendre désormais d'un procès-verbal d'un agent étranger. Si le Français a des complices, il faudra des moyens de les atteindre; le prévenu réclamera leur présence au procès, car sa défense peut dépendre des déclarations qu'ils feront. Or, supposons que ces complices soient des étrangers appartenant au lieu du crime ou seulement y résidant; s'ils sont déjà arrêtés, la nation offensée ne voudra pas remettre a d'autres le soin de faire justice de leur infraction; s'ils parviennent à se réfugier dans un pays hospitalier (1), ils y demeureront impunis, car les lois de ces pays le veulent ainsi; ils ne seront pas non plus extradés car on dira au gouvernement français: vous n'avez pas à juger l'individu que vous réclamez, parce qu'il n'est pas Français, et parce que le crime dont il s'est rendu coupable n'a causé aucun préjudice à votre nation. Pour nous résumer, tandis que, en matière pénale, la connaissance d'une infraction doit être portée devant le tribunal du lieu du délit; car là est le juge naturel imposé par les nécessités de l'accusation et de la défense, à plus forte raison doit-on décider que le juge d'un pays étranger au délit, chez lequel les chances d'erreur sont probables, et les garanties de la défense bien faibles, doit être incompétent. Ces raisons nettement exposées décidèrent le rejet de la loi de 1843, et d'un système erronné, dont l'application ne permettrait pas d'assurer que telle décision intervenue sur tel fait passé hors du territoire, fut irréprochable d'erreur sinon de partialité. Avec le système de la territorialité, toutes ces difficultés disparaîtront; l'accusé sera sur les lieux où les faits se sont produits; les complices seront aussi présents, les témoins à charge et à décharge arriveront également, et tous les moyens propres à éclairer

(1) L'Angleterre, l'Amérique ne punissent pas les crimes commis à l'étranger.

l'esprit des juges, à faire ressortir au besoin l'innocence de l'accusé ne feront pas défaut (1). Ainsi tout se concilie, tout s'harmonise, tandis que l'intérêt social et celui du prévenu obtiennent satisfaction, le principe de la souveraineté des nations est garantie, la loi appliquée par ceux-là même qui sont naturellement chargés d'en assurer le respect.

Le principe de la territorialité une fois reconnu, nous sommes les premiers à vouloir qu'on entoure son application de certaines formalités, en sorte que les abus, les injustices dont l'accusé se trouverait victime n'aient jamais lieu. On conclurait d'abord des traités d'extradition avec nations étrangères et l'on déterminerait ainsi les faits graves à l'occasion desquels l'extradition serait accordée. 2° Ce ne serait plus comme sous l'empire du décret de 1811 au Souverain, c'est-à-dire au chef de l'Etat qu'appartiendrait le droit d'examiner les pièces présentées à l'appui d'une demande en extradition et de statuer ensuite sur la demande elle-même, mais aux tribunaux appelés à se prononcer sur les infractions de tout ordre. Il y aurait donc comme première garantie, une sorte de débat préliminaire engagé devant notre juridiction, sur procès-verbaux de dépositions de témoins que pourrait toujours et facilement fournir la nation demanderesse et la seule peine à prononcer dans le cas de culpabilité reconnue, serait qu'il y a lieu d'accorder l'extradition demandée. Le national ne perdant pas sa qualité de citoyen à la suite d'un crime dont on

______

(1) La gravité de l'objection tirée des difficultés de la preuve, résulte encore d'un fait récent. Le gouvernement français a dénoncé au gouvernement britannique un traité d'extradition remontant à plusieurs années, parce que la justice anglaise, avant d'accorder l'extradition d'un individu pour crime commis en France, prétendait forcer l'administration française à fournir un commencement de preuve, suffisant pour motiver une mise en accusation ; s'il est si difficile de faire passer de France en pays étranger une première lueur de vérité, lorsqu'il s'agit d'un crime éclatant, combien ne sera-t-il pas plus difficile de faire passer de l'étranger en France une vérité pleinement lumineuse sur un fait d'une importance médiocre.

l'accuse de s'être rendu coupable, mériterait encore à ce titre la protection qu'on ne saurait refuser d'ailleurs à un étranger ; aussi serions-nous d'avis que de nouvelles garanties suivissent l'accusé hors du royaume et que l'on chargeât celui des nombreux agents français, qui se trouverait au lieu où le procès est instruit, du soin d'en surveiller la marche régulière et exacte. Ainsi l'équité et le désintéressement dirigeant l'exercice du droit de punir, disparaîtraient ces dangers imaginaires, par lesquels on espérait naguère nous émouvoir.

Les délits ne constituent pas généralement des faits graves, aussi l'extradition ne serait accordée pour les délits que dans quelques cas exceptionnels ; et cela d'autant plus que le mal social causé par l'infraction ne sera pas, le plus souvent, de nature à provoquer une plainte de la nation offensée.

Il nous reste à examiner l'état de la législation en Europe. Nos adversaires y trouvent une raison suprême d'appliquer un système devenu général, mais avant nous devons, en quelques mots, montrer la valeur d'une dernière insinuation, consistant à dire que si la loi pénale suit le Français à l'étranger pour le défendre contre toutes les injustices dont il peut être victime, il est raisonnable qu'elle lui impose certains devoirs, certaines prescriptions dont il ne puisse s'écarter.

Cette raison n'a aucune valeur réelle, si l'on veut bien reconnaître que l'Etat n'est ni le tuteur, ni le maître des citoyens, mais le représentant abstrait de leurs intérêts collectifs. S'ils lui doivent obéissance, ce n'est pas parce qu'il est l'*Etat*, mais parce que ses prescriptions tendent au maintien de l'ordre et de l'intérêt commun. D'ailleurs, ce serait une erreur de croire que le Français est protégé à l'étranger par notre loi pénale ; s'il en était ainsi, il faudrait décider que la loi française s'impose à l'étranger, qui dans son pays a causé une lésion à l'un de nos nationaux, et le contraire est si évident, qu'il est permis de conclure

que la seule loi protectrice du Français est celle du lieu où
il se trouve (1). Sans doute, lorsqu'un national, hors de
France, sera victime d'une odieuse perfidie, la nation française adressera de légitimes réclamations au gouvernement
étranger. Mais ce sera en vertu d'un principe du droit naturel qui oblige les nations à veiller à ce que tout individu
obtienne sécurité et protection de la société qui l'admet
dans son sein. Voici quel est le sentiment de Vattel (2) sur
l'état de cette question.

« La nation, dit-il, où le souverain ne doit point souffrir
» que les citoyens fassent injure aux sujets d'un autre
» Etat, moins encore qu'ils offensent cet Etat, lui-même; et
» cela, non seulement, parce qu'aucun souverain ne doit per-
» mettre que ceux qui sont sous ses ordres violent les pré-
» préceptes de la loi naturelle, qui interdit toute injure,
» mais encore parce que les nations doivent se respecter
» mutuellement, s'abstenir de toute offense, de toute lé-
» sion, de toute injure, en un mot, de tout ce qui peut
» faire tort aux autres ; et puisque le souverain ne doit
» point souffrir que ses sujets molestent les sujets d'autrui
» en leur faisant injure, beaucoup moins qu'ils offensent
» audacieusement les puissances étrangères, il doit obliger
» le coupable à réparer le dommage si cela se peut, ou le
» punir exemplairement, ou selon les cas, le livrer à l'Etat
» offensé pour en fairt justice. »

Nous avons, ce semble, fait disparaître une sorte de con-
fusion qui régnait sur ce point et, sans insister plus longuement, nous passons à l'examen des diverses législations
européennes avec le dessein de mesurer le degré suivant
lequel le principe de la personnalité a été appliqué.

Nous trouvons, en premier lieu, un réglement sur la
Procédure criminelle des Etats Romains de 1831, décla-

(1) Kluber admet ce point sans se donner la peine d'en démontrer la
vérité.

(2) *Droit des gens,* liv. II, chap. 6.

rant dans son article 82 que, « tout sujet pontifical se ren-
» dant coupable d'un vol à l'étranger, peut être puni
» devant le tribunal du lieu où il sera arrêté. » On dirait
que cette disposition offre un vestige de l'ancienne législa-
lation romaine qui avait édicté des peines sévères contre
les voleurs : elle prouve que les mœurs primitives d'un
peuple peuvent survivre quelque fois à tant de changements divers, mais il y a loin de là à conclure que la loi
pénale est personnelle, parce que dans un cas unique, elle
sera applicable au national qui aura commis un délit en
pays étranger.

Le Code d'Instruction criminelle des Pays-Bas, exécutoire depuis 1838, dans son article, 9, § 2, déclare punissables les crimes d'assassinat, d'incendie et de vols commis
également à l'étranger.

— Le Code pénal du royaume d'Italie du 20 novembre
1859, reproduisant dans ses articles 5 à 10 les anciennes
dispositions du Code pénal de Sardaigne de 1839, « punit
» à son retour le sujet reconnu coupable d'un crime en
» pays étranger (1). Mais la peine encourue pourra être
» diminuée d'un degré. Le délit est également punissable,
» pourvu qu'une disposition analogue se trouve dans les
» lois du pays auquel appartient la victime. »

Parmi les législations allemandes, les Codes du Wurtemberg, du Hanovre, de la Hesse, du grand-duché de Bade,
du Brunswik, de la Prusse, etc., sauf de légères nuances,
nous apprennent tous, « qu'un fait commis par un sujet
» sur le territoire d'un autre Etat ne sera punissable que
» lorsque la loi du lieu où le fait s'est passé, le déclare tel.
» La peine pourra être diminuée, si la loi du lieu de l'in-
» fraction applique une peine moindre. »

Comme on le voit, le système de la personnalité maintenu en principe, disparaît dans ses résultats, mitigé, soit

---

(1) Il serait trop long de rapporter les textes des articles que nous citons.
Voyez, *ad hoc*, le rapport de M. Bonjean.

8.

par une condition de réciprocité qui fait naître l'idée d'un service rendu par une souveraineté à une autre, soit par l'intervention du système opposé puisque la peine que la loi attachera à l'infraction dépendra de celle du lieu où elle aura été commise. Tandis que quelques Etats ne punissent que les crimes et non les simples délits de police correctionnelle ; d'autres font un choix parmi les délits les plus graves, ou bien ne punissent que les crimes et délits qui atteignent directement les particuliers, quelque fois même seulement ceux dont les victimes sont des nationaux ; si l'on déclare qu'il n'y a point de poursuites à exercer lorsque le fait ne sera pas punissable dans le lieu où il s'est passé, que devient le principe en vertu duquel la violation de la loi suffit pour entraîner l'application de la peine édictée comme sanction.

Nous pouvons faire le même raisonnement sur les dispositions 1° du Code pénal Russe de 1845, art. 180, atteignant les crimes et voulant que la peine soit diminuée proportionnellement lorsque la loi du lieu du crime est plus douce que celle du Code Russe. 2° Du Code pénal Prussien, du 14 avril 1851, déclarant, § 4, que les crimes et délits, commis hors du royaume, ne sont pas, en règle générale, poursuivis et punis ; par exception, ils peuvent l'être lorsqu'ils sont également punis par les lois du lieu où ils se sont accomplis. 3° Du Code pénal du canton de Vaud, du 18 février 1843.

La Saxe, la Bavière et l'Autriche (1) sont les seules pnissances où le système de la personnalité revêt le mieux son vrai caractère. La loi pénale suit le national sur le

---

(1) Un remarquable projet de Code pénal pour le Portugal contient, dans son article 4, une disposition ainsi conçue :

« La loi pénale est également applicable à tous les Portugais qui ont
» commis en pays étranger les crimes et les délits qu'elle punit, s'ils sont
» trouvés dans le Portugal ou si leur extradition est obtenue et s'ils n'ont
» pas été punis dans le pays étranger. »

territoire étranger pour lui demander compte des infractions qu'il y commet. Le Code autrichien dans son art. 30, nous dit en effet : « Les délits commis par l'un des sujets » de nos États dans un État étranger, seront également » punis à son retour, selon les dispositions du présent » Code, sans égard aux lois du pays où ils ont été com- » mis. »

Si nous recherchons l'esprit qui anime le fond même de ces dispositions, nous voyons sans étonnement qu'elles s'affirment chez des peuples régis par des institutions vieillies et jugées sans valeur à présent. Aussi, s'il est vrai de dire que la législation d'un pays trouve son reflet dans les mœurs de ses habitants et dans le degré de civilisation qu'ils ont atteint; désireux de connaître la situation politique de tous ces États, nous avons interrogé l'histoire, et les résultats qu'elle nous a donnés, nous ont paru de tout point satisfaisants. Nous n'avons en ce moment ni le droit, ni les moyens de montrer par une série de rapprochements curieux et instructifs toute la force de l'argument historique que nous faisons valoir. Il nous suffira donc de présenter quelques considérations à ce sujet.

Pour l'Allemagne, nous savons que ce pays était en pleine féodalité, au moment où s'accomplissait notre grande révolution; qu'il a depuis, mais vainement tenté de sortir de cet État d'affaissement en 1815 et en 1830. Que s'est-il donc passé, quelles transformations dans l'état social de ces pays allemands se sont produites pendant qu'on y édictait le principe de la personnalité de la loi pénale. Si nous ajoutons foi aux assertions d'un écrivain distingué (1), nous ne trouvons pas après 1815, dans une partie de l'Allemagne du Nord des changements aux institutions précédentes.

Après être restés un moment sous la direction et sous le poids du gouvernement de la France, quelques États, tels

(1) E. de Cazalès, 1841, *Revue des Deux-Mondes.*

que la Hesse, le Holstein, le Hanovre, la Saxe, le Méklen-
bourg remettaient en vigueur leurs constitutions féodales
et reprenaient le *régime du bon plaisir*. La Prusse après
avoir promis dans un édit royal du 22 mai 1815, une constitution représentative, recula devant ses engagements et
passa du côté de la réaction absolutiste, tandis que la
Bavière et Wurtemberg déclaraient au Congrès de Vienne
que la proposition d'un gouvernement représentatif ne
pouvait se concilier avec la plénitude de la souveraineté
et tendait à resteindre les prérogatives du roi. La révolution de juillet 1830, amena son contre-coup en Allemagne,
et plusieurs États changèrent leurs souverains et leurs
constitutions, mais le 21 octobre 1830, la diète arrêtait ce
mouvement en décidant que la Confédération devait porter
un secours immédiat à celui des États qui en aurait besoin
pour réprimer l'insurrection. Ainsi le système monarchi-
que reprit son ascendant un moment ébranlé. Les résistances constitutionnelles réduites à l'impuissance, allèrent
s'affaiblissant de jour en jour, et l'Allemagne désabusée
une deuxième fois de ses espérances de régénération politique, rentra dans ses habitudes de soumission et d'obéissance. Aujourd'hui nous savons qu'il n'est rien de changé
à cette situation, et si l'Allemagne qui tend à former un
grand corps, nous cause des alarmes sérieuses, c'est que
l'hégémonie prussienne absorbe toutes les généreuses aspi-
rations d'un peuple capable de jouir des bienfaits que pro-
curent les institutions libérales. Nous ne dirons rien de la
Russie, dont les habitants affranchis d'hier, sont plongés
dans la barbarie sous la dépendance d'un chef autocrate
qui se déclare maître de leurs biens et de leurs personnes.

Jetons maintenant les yeux sur les peuples les plus libres
du monde : nous y trouvons le principe de la territorialité,
seul en vigueur et d'une façon très accentuée.

Il est resté chez nous jusqu'en 1866. Dans la refonte du
Code pénal, en 1867, le législateur belge a déclaré, art. 4,
que les infractions commises à l'étranger, ne seront punies

que dans les cas prévus par la loi (Code pénal du 8 juin 1867, art. 4 , loi du 30 décembre 1836).

En Angleterre, en Écosse, aux États-Unis, les crimes ne sont punis que dans le lieu où ils sont commis, et le citoyen de ces pays qui s'est rendu coupable d'une infraction au-delà des frontières, peut rentrer dans son pays sans crainte de se voir traduit devant les tribunaux du lien de son origine.

En Espagne, une ordonnance de Charles III, du 24 octobre 1782, sur les crimes et délits, ne parle pas des infractions commises en pays étranger (1).

Si nous ne craignions de tomber dans l'abus des citations, la lecture des textes de ces législations diverses serait de nature à corroborer ce que nous avons dit de la situation de ces peuples. Dans les États absolutistes comme la Russie, la Saxe, l'Autriche, etc; le monarque parle à ses sujets, oubliant que sa puissance n'est qu'une délégation de la souveraineté populaire; c'est ainsi, que pour nous édifier, le roi de Bavière dans une ordonnance du 10 mai 1813, art. 3, déclare : « les dispositions du Code pénal régissent » tous nos *sujets* sans distinction, soit que les infractions » aient été commises dans leur patrie, soit qu'elles l'aient » été en pays étranger *contre nous*, contre nos *sujets* ou » contre un État étranger ou contre les *sujets* de ce der- » nier. » Les mêmes expressions ne se retrouvent pas dans les Codes des pays libres et sont remplacées par celles de regnicolle, national, etc.

Avec l'étude achevée de ces législations où l'on trouve un pâle reflet des idées que nous avons combattues, se termine l'examen critique des deux systèmes mis en présence, lorsqu'on a agité la question de savoir si les infractions commises sur le territoire d'une nation étrangère peuvent être poursuivies et punies en France. De l'ensem-

---

(1) Voyez la *Nova recopilacion*.

ble de cette discussion nous pouvons tirer les conclusions suivantes.

Le système de la personnalité n'est pas et ne peut être appliqué en fait.

L'assimilation complète qu'on voudrait établir entre la loi civile et la loi pénale au point de vue de la personnalité, est inconsidérée, impossible, injuste et inutile, repoussée par les auteurs dans son esprit théorique et par les États dans ses conséquences pratiques.

Le principe de la territorialité est en harmonie avec les règles du droit et compatible avec les progrès de la civilisation.

Voyons, maintenant, comment la loi a fait l'application de ce principe.

La loi du 27 juin 1866 est venue consacrer les plus graves innovations sur la question générale de la poursuite en France des infractions commises à l'étranger. Elle a modifié à la fois les conditions de criminalité et celles de la poursuite exigées par le Code d'Instr. crim. de 1808 dans son article 7. Nous allons donner un commentaire de chacun de ces articles.

ARTICLE 5.

La juridiction française, dans l'artice 7 du Code d'Instr. criminelle, saisissait des faits délitueux commis à l'encontre des particuliers, mais ces faits devaient présenter une gravité excessive, et sa compétence ne s'appliquait à aucune de ces infractions que la loi a qualifiées *délits*. De plus, la poursuite n'avait lieu que lorsque la victime du crime était un national et qu'une plainte émanée d'elle était adressée à l'autorité. Aujourd'hui la loi nouvelle est venue supprimer ces conditions, auxquelles la poursuite des crimes était subordonnée. 2º Elle a déclaré punissables certains délits commis à l'étranger.

L'article 5, dans son paragraphe 1ᵉʳ, dispose ainsi :

« Tout français qui hors du territoire de la France s'est
» rendu coupable d'un crime puni par la loi française
» peut être poursuivi et jugé en France.

§ 3. — » Toutefois aucune pousuite n'a lieu si l'inculpé
» prouve qu'il a été jugé définitivement à l'étranger.

» Enfin le § dernier du même article ajoute : « Aucune
» poursuite n'a lieu avant le retour de l'inculpé en France,
» si ce n'est pour les crimes énoncés en l'article 7 ci-
» après. »

De l'ensemble de ces dispositions il résulte, que lorsqu'un
crime a été commis contre un particulier, la loi française
est désormais applicable pourvu que : 1° L'infraction à
poursuivre soit punie comme un crime par la loi française.
2° Le coupable soit un Français. 3° Qu'il soit de retour en
France. 4° Qu'il n'ait pas été jugé définitivement à l'étranger ; examinons chacune de ces quatre conditions :

Pour que la première existe, il convient d'apprécier le
fait comme s'il s'était passé sur notre territoire et voir s'il
renferme tous les éléments de criminalité qui seraient de
nature à en autoriser la répression en France. Ainsi, le
Français devenu coupable à l'étranger d'un crime attentoire à la sûreté d'un gouvernement ou Etat étranger, ne
serait pas punissable à son retour en France, parce qu'aucune de nos lois n'a prévu ce cas pour le réprimer (1).

(1) Le français coupable du délit d'outrage envers la *personne* d'un souverain étranger, ne serait pas puni, à son retour en France, des peines
édictées dans l'article 86 du Code pénal, car cet article ne protége que la
personne de l'empereur. Mais on lui appliquerait l'article 12 de la loi du
17 mai 1819, qui punit d'un emprisonnement d'un mois à trois ans et d'une
amende de 100 francs à 500 francs, celui qui, par l'un des moyens énoncés
en l'article 1er, a offensé le chef d'un gouvernement étranger. Néanmoins,
la poursuite ne pourrait avoir lieu que sur la plainte ou à la requête du
souverain offensé, conformément à l'article 3 de la loi du 26 mai 1819. Ce
cas excepté, nous pensons que les faits dirigés contre la chose publique
étrangère, sont régis par la règle posée dans notre Commentaire et ne sont,
à aucun titre, punissables par la loi française.

2° *L'inculpé doit être un Français.* — On a trouvé prudent de ne pas remettre en vigueur une disposition insérée dans l'article 6 du projet de 1852, en vertu de laquelle l'étranger qui, dans son pays, s'était rendu coupable d'un attentat sur la personne où la fortune d'un Français devenait justiciable de nos tribunaux lorsqu'il venait en France avec l'espoir de se dérober à la justice du lieu de son domicile.

Cette disposition, inspirée par les doctrines de la Faculté de droit de Paris, devait paraître une juste compensation de la protection que la loi nouvelle étendait aux victimes étrangères; elle n'eut d'autre résultat que de mettre en échec le projet de 1852, en soulevant les plus légitimes réclamations. On peut, en effet, dire sans témérité que la loi française ne peut s'imposer à l'étranger ni comme loi personnelle, puisque ses commandements ne s'adressent qu'aux français, ni comme loi territoriale, attendu que le fait punissable a été consommé hors de notre territoire. Néanmoins, dans un rapport remarquable par son style net et précis, M. Bonjean, s'adressant au Sénat, exprime le touchant regret de voir, par l'abandon de ce point, subsister pour un temps indéfini une lacune dans cette loi. L'honorable sénateur se demande pourquoi la justice française, incompétente du chef de l'assassin, ne le serait pas du chef de la victime. Déjà MM. Ortolan et Molinier avaient émis une semblable opinion. Nous répondons à ces savants criminalistes, que du moment où ils sont d'accord pour reconnaître que le droit de punir repose sur une idée de justice morale limitée par l'utilité sociale, la répression ne serait pas légitime, puisque l'infraction à la loi morale n'a porté aucune atteinte à la sûreté de l'Etat. Sans doute, le mauvais exemple résultant de l'impunité, accordée à celui qui vient par sa présence insulter à la légitime douleur des parents de la victime, peut faire naître un certain intérêt pour l'Etat; mais cet intérêt paraît secondaire s'il est placé à côté de celui qu'a le prévenu à comparaître

devant les juges du lieu du crime ou de son domicile, afin
de se procurer tous les moyens propres à le disculper ou à
diminuer la gravité de son crime (1). Vient aussi l'intérêt
de la nation qui a le droit de demander compte d'un acte
à la suite duquel un désordre public s'est produit et de
faire respecter sa loi qu'on ne saurait impunément violer.
Enfin, le danger résultant de l'impunité disparaîtra entièrement si le gouvernement français, usant en dernier lieu
du droit reconnu par les lois du 29 vend. an VI, du 21
avril 1832 et 3 décembre 1849, expulse l'étranger qui est
venu réclamer la protection de nos lois.

*3ᵉ Condition. — Il ne faut pas qu'un jugement défini-
tif soit intervenu à l'étranger sur le fait incriminé.*

Les jugements émanant d'une juridiction étrangère,
lorsqu'ils statuent sur un fait d'une façon définitive soit
en acquittant le prévenu, soit en le condamnant, font obstacle à une nouvelle poursuite en France. Le national qui
à son retour rapporte sur un fait dont il s'est rendu coupable un jugement qui n'était plus susceptible des voies
ordinaires de recours, peut donc se mettre à couvert sous
la maxime humanitaire, *non bis in idem,* art. 360, Instr.
crim. Cette maxime, dictée par un sentiment de justice,
est devenue depuis longtemps un principe de droit public ;
et déjà dans la discussion de 1804, *Berlier* en faisait la
déclaration solennelle. Elle sert, à la fois, à maintenir une
sorte de sécurité publique qui n'existerait pas si un individu était exposé sans cesse à de nouvelles poursuites à
raison d'un fait unique, et à éviter le spectacle étranger de
sentences contradictoires qui pourraient résulter de cette
multiplicité d'épreuves judiciaires.

Le Français qui invoque le bénéfice d'un jugement rendu
par la juridiction étrangère doit en rapporter la preuve.

(1) Ayrault partage cet avis dans ses *Ordres, formalités et instructions
judiciaires,* etc.

On applique ici la règle générale en matière de preuves, *onus probandi incumbit ei qui dicit.*

Mais, il importe peu que le jugement rendu à l'étranger ait été ou non exécuté, lors même que le coupable rentrerait en France, sans avoir subi la peine corporelle ou payé l'amende à laquelle il a été condamné. Il ne saurait être poursuivi par cette raison, que les condamnations émanant de la justice étrangère, ne sont pas exécutoires en France.

Cette troisième condition fait naître plusieurs questions controversées, nous les étudierons plus tard (1).

4e *Condition. Le Français doit être de retour dans son pays.* Ici, le législateur maintient une formalité qui, nous l'avons démontré, est inconciliable avec le principe de la personnalité. Sa détermination a été inspirée par un double motif, donner satisfaction à ceux qui ont prétendu avec raison, qu'avant le retour de l'inculpé, l'Etat n'a aucun intérêt à punir, et en même temps, sauvegarder les droits de la défense. Si un national résidant à l'étranger, était sur l'imputation d'un crime poursuivi en France, et il devrait l'être, puisque la loi française a été violée, il pourrait arriver que deux accusations simultanées eussent lieu sur le même fait, car on ne saurait méconnaître à la nation offensée, le droit de faire le procès au coupable. Mais, nous adressant aux partisans du système de la personnalité, il nous est permis de faire ressortir l'incertitude de leur théorie, en leur disant : ici, vous ménagez les intérêts de la défense, et ailleurs vous les sacrifiez en proclamant bien haut le principe de la territorialité, lorsque dans un autre cas, vous jugez qu'un étranger qui a été puni bien sévè-

---

(1) Nous avons trouvé opportun de placer dans un *appendice* l'examen d'une série de questions se rattachant, d'une manière plus ou moins directe, à l'étude de notre loi. Cette méthode aura surtout pour résultat de ne pas lasser l'esprit, en simplifiant d'autant mieux le commentaire auquel nous nous livrons en ce moment.

rement par les lois de son pays pour une infraction commise en France, ne peut invoquer la chose jugée qui la
rende indemne d'une nouvelle poursuite devant nos tribunaux, indemne de l'application d'une seconde peine pour le
même délit. Telles sont les quatre conditions dont la présence
est indispensable pour la recherche des crimes commis à
l'étranger.

Pourquoi n'a-t-on pas exigé une cinquième condition
renfermée dans l'ancien article 7, relativement à la plainte
de la partie lesée. Cette formalité a été maintenue seulement dans le cas de délit à poursuivre, et pour justifier sa
conduite, le législateur a mis en avant le grand principe
de droit commun qui veut que l'action publique ait toute
son indépendance, quand il s'agit de la répression d'un
crime. Lorsqu'un crime a été commis deux actions naissent
à la fois, l'action publique s'occupant de l'intérêt social et
l'action civile de l'intérêt privé. En effet, la première est
confiée aux magistrats chargés de faire respecter la loi,
et elle est indépendante de tous les intérets particuliers (1).
Si la loi française suit le national partout où il se rend, on
ne comprend pas pourquoi le ministre public serait dépouillé
exceptionnellement d'une attribution que lui confère la loi
générale. D'ailleurs, admettons un moment qu'une plainte
de la partie lésée fût nécessaire, il pourrait arriver que le
meurtrier qui aurait étouffé dans le sang la plainte de
sa victime, rentrât en France, tranquille sur les suites de
son attentat, entre la justice étrangère qui ne peut plus
l'atteindre et la justice française impuissante à le
punir. Dans la loi de 1852, M. Rouher avait reconnu qu'il
ne fallait pas enchaîner l'action du Ministère public en la
soumettant à une plainte, parce que le coupable assez
riche pour transiger avec les parents de la victime, n'était
pas poursuivi. Toutefois, comme en fait de *délits*, l'intérêt
de la société est moins engagé, et qu'il y aura un concours

(1) *Moniteur* de 1865, p. 301, dernière colonne.

moins empressé de la part des individus pour la recherche des documents propres à faire jaillir la vérité des faits, on a maintenu dans ce cas, la nécessité d'une plainte préalable.

Tout cela est en parfaite conformité avec les principes, et cependant, les partisans de la personnalité, sont les premiers à vouloir qu'il en soit autrement. En 1847, la cour de Cassation, consultée, avait été d'avis, qu'il fallait maintenir au cas de crime la sage disposition que le législateur de 1808, avait insérée dans l'article 7, c'est-à-dire la nécessité de la plainte. M. Bonjean, dans son rapport au Sénat, partage ce sentiment. Il y aura, en effet, un grand inconvénient à voir un Français de retour dans sa patrie, depuis quelques années, devenir soudain l'objet d'une grave accusation. Nulle plainte n'a été portée contre lui, mais un bruit public s'est manifesté, et le Ministère public doit aussitôt arrêter ce citoyen francais, dénoncé comme coupable d'un crime en pays étranger. Si le ministère public a agi à la suite d'une dénonciation calomnieuse, l'accusé dira-t-on, a le droit de traîner à son tour le dénonciateur devant un tribunal, et de le faire condamner, en établissant la calomnie ; mais quelles garanties offre notre législation, lorsque la dénonciation sera faite par un Prussien ou par un Autrichien.

Si une plainte était portée, l'accusation ferait naître une présomption de l'existence du fait reproché, elle servirait de base à toute information. L'accusé saurait d'où cette plainte émane et dans qu'elle voie il doit chercher ses éléments de défense en se rappelant les relations qu'il a pu avoir avec telle ou telle personne. S'il en est autrement, le prévenu restera dans le vague, dans l'incertitude, et ses moyens de défense se trouveront incomplets et paralysés (1). On dit que la mort de la victime peut rendre la poursuite impossible ; mais ne reste-t-il pas la dénonciation officielle que la nation intéressée adresse à l'auto-

____

(1) M. Séneca, *Moniteur* du 1er juin.

rité française ? Toutes ces raisons n'ont pas suffi pour faire abandonner le principe que le droit commun a posé dans la répression des crimes commis dans l'étendue du territoire français.

DEUXIÈME PARTIE DE L'ARTICLE 5.

L'article 5 de la loi a édicté une disposition toute nouvelle qui rend la justice française compétente pour réprimer certains délits commis à l'étranger.

Le § 2 dit, en effet, « tout Français qui hors du territoire » de France, s'est rendu coupable d'un fait qualifié délit » par la loi française peut être poursuivi et jugée en » France si le fait est puni par la législation du pays où il » a été commis.

» En cas de délit commis contre un particulier français » ou étranger, la poursuite ne peut être intentée qu'à la » requête du ministère public ; elle doit être précédée » d'une plainte de la partie offensée ou d'une dénonciation » officielle à l'autorité française par l'autorité du pays où » le délit a été commis. »

Cette innovation avait déjà figuré dans les projets de 1843 à 1852. Elle n'a pas été admise sans avoir été l'objet de vives attaques. On a reproduit dans la discussion les motifs que nous avons fait valoir, tirés du peu d'intérêt qu'avait l'Etat à la répression de ces faits (l'atteinte à la sécurité publique n'existant pas, et le délit affectant surtout l'intérêt privé) et tirés aussi de difficultés dont la poursuite, peut être entourée et de la possibilité d'une fausse appréciation par le juge qui n'aura aucune notion des mœurs du pays, du milieu où le délit se sera accompli. On aurait pu, il est vrai, répondre victorieusement en prenant dans l'exposé des motifs un argument topique consistant à dire que du moment où la loi pénale revêt la caractère du statut personnel, le droit de l'Etat de proclamer la compétence de la justice nationale ne saurait être moindre pour

les délits que pour les crimes et il n'est rien s'il n'est tout:
on aurait ainsi légitimé le droit de réprimer tous les délits
prévus par la loi française.

Désertant les principes qui devaient dominer la loi, la
Commission du Corps législatif s'est placée au point de
vue pratique, en tenant compte des observations présentées par les orateurs des deux camps opposés (1). *Les premiers* ont soutenu qu'il est certains délits prévus par le
Code qui sont de nature à causer un préjudice considérable à l'intérêt privé, certains autres qui révèlent une vraie
scélératesse et plus de perversité qu'un crime ordinaire ;
car il arrive souvent que les cours d'assises appliquent en
vertu de l'article 463 des peines inférieures à celles que prononcent les tribunaux correctionnels. Enfin, certaines autres
qui devenaient vraiment dommageables par leur fréquence
lorsque l'impunité les favorisait. *Les seconds* ont insisté,
au contraire, sur le léger inconvénient qui pouvait résulter de l'abandon de faits dont la répression n'était pas
universellement admise, sur la nécessité qu'il y avait à
ne pas dépasser la mesure d'une humanité raisonnable
en tenant compte de la culpabilité individuelle dépendant
de conditions multiples, telles que les habitudes sous l'influence desquelles le coupable avait agi, la sécurité que lui
donnait la législation étrangère à laquelle il s'était passa-
gèrement soumis. En face de ces exigences réciproques , il
a été décidé que la loi pénale française ne devait pas atteindre tous les délits ; mais comment poser une limite à
l'action de la loi? Essayer de classer dans une longue énumération les délits dont l'impunité pouvait présenter des
dangers; telle a été la première pensée de la commission,
mais après un assez long travail, le système a été rejeté à
cause surtout de l'inconvénient qu'il y avait à promettre ainsi
législativement l'impunité à certaines catégories de délits.

(1) Voyez le rapport de M. Nogent Saint-Laurent (*Moniteur* du 30 mai
66), page 651, 4e colonne.

Il y avait aussi à énumérer les délits politiques, puisqu'un amendement ayant en vue leur suppression n'avait obtenu aucun crédit. Pour chercher une mesure applicable au délit, lacommission s'est dit : quand un délit sera prévu et puni à peu près par toutes les législations qui existent en Europe il aura une gravité généralement reconnue. L'identité dans les législations prouvera qu'il s'agit d'un délit dont l'impunité serait dangereuse. Quand au contraire un délit ne sera pas prévu et puni partout, le doute pourra exister et il sera prudent de ne poursuivre qu'autant que le délit sera puni par la loi étrangère du lieu où il aura été commis (1).

En conséquence, on a pensé atteindre sérieusement le but en surbordonnant l'exercice du droit de punir les délits aux conditions suivantes :

1° Que le fait soit incriminé et puni par la loi française ;

2° Que le fait soit puni par la loi etrangère ;

3° Que l'inculpé soit rentré en France ;

4° Qu'il n'ait pas été jugé à l'étranger ;

5° Qu'il y ait plainte de la partie lésée, etc.

6° Que le ministère public juge l'opportunité de la poursuite.

1re *Condition.* — Il faut que le délit soit incriminé et puni par la loi française.

Nous avons eu déjà l'occasion de nous expliquer sur l'importance de cette condition requise également pour la poursuite des crimes. Nous avons vu qu'il fallait avant tout considérer le délit comme s'il avait été commis dans l'étendue de notre territoire français. Les délits dirigés contre les fonctionnaires des nations étrangères ou contre leurs propriétés publiques, ne sauront être poursuivis chez nous qu'à titre de délits privés. Supposons qu'un Français ait commis à l'étranger un des faits prévus par l'art. 257 Code pénal, c'est-à-dire ait détruit, abattu, mutilé ou dé-

M. Nogent Saint-Laurent. *Moniteur* du 31 mai, 2e colonne, p. 665.

gradé des monuments, statues et autres objets destinés à l'utilité, ou à la décoration publique que l'autorité permet d'édifier ; à son retour les tribunaux lui demanderont compte de ce fait, mais ne pourront lui appliquer qu'une peine de simple police, art. 479 Code pénal ; car vis-à-vis de nous, il n'y a pas un délit à l'encontre de la chose publique, il n'y a de public pour nous que ce qui est français. Il faudra étendre cette même solution au fait d'outrages contre les fonctionnaires publics étrangers ; aux actes de rébellion envers les agents étrangers qui ne sont que des particuliers vis-à-vis du gouvernement français.

2° *Condition.* — Le fait doit être puni par la législation du pays où il s'est passé.

Cette disposition est de nature à faire naître plusieurs inconvénients dans la pratique.

C'est ce qu'on avait parfaitement compris dans la discussion de 1843, lorsqu'on rejeta un amendement conçu dans ce sens. Cependant l'orateur du gouvernement a essayé de justifier cette 2° condition, en disant que le Code prussien de 1861 subordonne les poursuites à une semblable condition parce qu'un national peut oublier un moment la loi du lieu de son origine, lorsqu'il vit dans un pays où le fait qu'il commet est excusable et qu'il y aurait quelque chose d'inhumain à ce qu'il fut puni, quand ses complices étrangers ne le seraient pas. Mais voici quelles objections on peut faire contre cette disposition au point de vue de la science du droit.

1° Si une nation ne tient que d'elle seule son droit de punir, à elle il appartient d'en fixer les limites et c'est abdiquer sa souveraineté que d'en s'en remettre au législateur voisin pour déclarer si tel fait sera ou non punissable.

2° Un second désavantage consiste à établir une inégalité dans la législation pénale (1). Deux Français commettent

(1) Voyez l'*Opinion de la Faculté de Paris*, reproduite par M. Olivier, dans de la loi discussion.

le même fait à l'étranger; seront-ils punis à leur retour en France? cela dépendra de la loi étrangère; et comme les lois diverses varient avec les pays, l'un pourra être poursuivi et puni, l'autre non. La morale ne gagnera rien à un tel état de choses qui permet de considérer un Français comme coupable où innocent, selon qu'il agit dans tel ou tel pays où le fait est jugé délictueux ou excusable.

3° Les juges français, chargés d'interpréter nos lois, seront arrêtés par des obstacles insurmontables lorsqu'il s'agira de connaître l'esprit d'un texte de loi étrangère. « L'interprétation de nos lois, disait M. Martel est une » œuvre difficile. Que sera-ce donc quand il faudra inter- » préter les lois étrangères dans un texte écrit en langue » étrangère? Ainsi vous serez en présence d'un texte alle- » mand, anglais ou russe que nos magistrats ne connais- » sent pas et il faudra interpréter ce texte pour voir s'il » correspond ou non à une disposition de nos lois. Il y a » là tout un ordre de dangers et d'inconvénients qu'on ne » saura faire disparaître. »

Il résulte de cette 2° condition posée à la poursuite des délits que le Français qui, à l'étranger se rend coupable du délit d'excitation au mépris du gouvernement français, ne sera pas poursuivi à son retour en France. Car ainsi que cela résulte des débats engagés au sein du Corps Législa- tif, il faut que le délit soit identique pour être punissable et la loi étrangère ne punit pas les délits contre la chose publique française.

Même décision pour les délits d'excitation à la haine et au mépris des citoyens les uns contre les autres, de cri- tiques et censures des lois par un ministre du culte dans les cas des art. 201 et 202 Code pénal, et autres cas analo- gues. Ces faits punis de peines très fortes d'emprisonnement et même du bannissement lorsqu'ils se passent en France, ne donneront lieu à aucune poursuite à raison de leur per- pétration à l'étranger, puisque les législateurs de ces pays ne les considère que comme délits.

Ces mêmes faits seraient poursuivis, s'ils revêtaient le caractère de crimes, car l'article 5 n'impose aucune restriction à leurs poursuites (202-208 Code pénal).

3° et 4° Condition. — Nous avons eu déjà l'occasion de nous expliquer sur ces deux conditions éxigées également dans la poursuite des crimes.

5° Condition. — Il faut qu'il y ait plainte de la partie lésée ou une dénonciation officielle à l'autorité française.

Nous nous sommes expliqués naguère sur les motifs qui ont engagé le législateur à maintenir la plainte de la partie offensée, lorsqu'il s'agit de réprimer un délit commis à l'étranger,

Cette plainte est soumise aux règles du droit commun exposées dans les articles 63-70 du Code d'Instruction criminelle.

La dénonciation officielle de l'autorité étrangère a lieu comme les demandes en extradition par les voies diplomatiques. Car l'autorité des magistrats ne s'étend pas non plus au-delà du territoire. Une circulaire du Garde des Sceaux du 5 avril 1841 s'exprimait en ces termes : « C'est » au gouvernement seul à agir ; il ne vous est pas permis » en cette matière de vous entendre, sous aucun prétexte, » avec les agents des puissances étrangères ; vous ne pou- » vez pas non plus vous adresser directement aux autori- » tés judiciaires des pays voisins, pour obtenir l'extradi- » tion ; vous pourrez correspondre seulement avec les » magistrats étrangers pour avoir des renseignements. » Cette forme sera toujours employée quand il s'agira de punir en France un des délits, à l'encontre de la nation étrangère qui a été lésée, et dans les cas prévus par l'article 17 de la loi du 27 mars 1822.

6° Condition. — Le Ministère public est laissé juge de l'opportunité de la poursuite.

Nous avons à signaler une double dérogation au droit commun :

1° En matière correctionnelle, la poursuite des délits appartient soit au Ministère public, soit au plaignant qui assigne directement la partie adverse devant le tribunal correctionnel, art. 182, Inst. C. On a supprimé ici ce dernier mode, qui a reçu la dénomination de citation directe. Déjà, en 1852, on avait rejeté un amendement de M. Legrand du Nord, tendant à faire maintenir cette faculté accordée au plaignant; on prévoyait l'espèce d'injustice qu'il y aurait à donner suite à cette demande, lorsque se présenterait le cas d'un étranger qui voulant satisfaire une rancune attendrait le moment où le Français serait de retour dans son pays pour lui intenter un procès. Tandis que le plaignant disposerait chez lui de la sympathie de ses concitoyens, le Français resterait souvent désarmé.

2° En principe, le Ministère public qui exerce l'action publique dans l'intérêt de la société, ne peut dispenser d'agir, quand il a reconnu l'existence d'un fait délictueux. La loi nouvelle, eu égard à la difficulté des preuves à recueillir, et à la gravité plus ou moins étendue du trouble causé à l'ordre public, consacre en sa faveur un pouvoir discrétionnaire; le Ministère public, seul appréciateur de la convenance d'une poursuite pèsera la gravité du fait qui lui est dénoncé, et son autorité seule pourra garantir la loyauté d'un tel procès. — Sans doute, il pourra quelquefois abuser aussi de son pouvoir arbitraire pour intenter ou négliger certaines poursuites; mais cette liberté existe pour lui dans la répression des délits commis en France, et on n'a jamais remarqué qu'il en abusât. Pourquoi en serait-il autrement, alors qu'il s'agira de faits accomplis à l'étranger pour lesquels d'ailleurs, la nécessité d'une plainte préalable limitera au lieu de l'étendre la liberté de son action.

ARTICLE VI.

L'interprétation de cet article ne présente pas de difficultés. Il a pour but de déterminer la compétence des tribunaux pour la répression des infractions commises à l'étranger.

L'art. 23 du Code d'Inst. cr. pose une triple compétence quand il s'agit de réprimer un fait quelconque qui s'est passé en France : 1° celle du lieu du délit ; 2° celle du lieu de la résidence du prévenu ; 3° celle du lieu où il peut être trouvé.

Pour les crimes et délits commis à l'étranger, la première de ces juridictions devait être retranchée, puisque la loi dont nous nous occupons a été édictée en vue de ne pas permettre qu'un national soit remis à la justice étrangère. D'un autre côté, le lieu de la résidence du prévenu ou le lieu où il est trouvé, peuvent être très éloignés de celui où l'acte criminel a été accompli, et il fallait prévoir des déplacements difficiles pour les témoins étrangers, une augmentation de frais pour l'instruction, des lenteurs préjudiables à l'accusé surtout. Pour obvier à ces inconvénients, on a jugé à propos de faire ici en cette matière l'application d'un système avantageux prévu par les articles 542-552, Inst. Cr. qui permettent à la cour de Cassation de renvoyer la connaissance de l'affaire devant une cour ou un tribunal plus voisin du lieu du crime ou du délit, lorsque le Ministère public ou les parties requièrent ce renvoi. Cette faculté de renvoi avait été antérieurement, reconnu par plusieurs constitutions (Const. du 27 novembre 1790, 3 sept. 1791 — 5 fructidor, an III, et 22 frimaire, an VIII.

A propos de l'art. 6, nous pouvons soulever quelques questions préjudicielles, et nous demander d'abord, quelles règles de conduite faudrait-il suivre, lorsqu'un individu, traduit devant la justice française à raison d'une infraction par lui commise en pays étranger, prétend qu'il n'est pas Français, parce qu'il a abdiqué cette qualité ou l'a perdue à la suite de l'un des actes prévus par l'art. 17 du C. Nap. et que dès lors les tribunaux français, ne sont pas compétents pour le juger.

Cette question paraît assez difficile à résoudre ; elle ne le serait pas, si on appliquait le principe de la territorialité. Le coupable serait remis à la justice du lieu où il a commis le crime ou le delit, et expierait l'insulte qu'il a faite à une société. Faudra-t-il décider d'abord, que sur la demande du coupable, l'action publique en France, sera suspendu, et le prévenu remis entre les mains de la justice étrangère. Nous ne le pensons pas, et à moins que dans des cas fort rares, l'Etat étranger ne réclame comme son sujet l'individu que l'on va juger, la justice française doit demeurer saisie. Alors se présente une vraie question préjudicielle, une question d'état, qui a pour effet de suspendre toutes poursuites, jusqu'à la vérification préalable d'un fait dont l'appréciation est une condition indispensable de cette poursuite, à savoir l'individu est-il français. Dans ce cas, devra-t-on, en appliquant par analogie l'art. 326, C. Nap. décider que toute poursuite devant la juridiction pénale, sera interrompue jusqu'au moment où la question d'Etat aura été définitivement jugé devant les tribunaux civils. Tel n'est pas notre sentiment, si nous rappellons le principe que l'action de la justice criminelle est indépendante de la justice civile, et que le juge criminel, compétent pour statuer sur une affaire dont il est saisi, l'est en général pour décider toutes les questions qui se rattachent aux éléments constitutifs des délits lors même qu'il ne pourrait pas connaître ces questions, si elles se présentaient à juger en dehors d'une poursuite criminelle ; et ici, l'un de cés éléments de culpabilité, c'est que l'agent ait la qualité de Français. Sans doute, le Code Nap. a posé une règle dans les art. 326, 327 qui exige le sursis au criminel, mais cette règle a été uniquement édictée dans le but de faire cesser un abus, en empêchant que les questions de *filiations* détournées de la juridiction civile, ne soient frauduleusement portées par la voix de la plainte devant la juridiction criminelle, et que les questions auxquelles la loi n'a permis de surgir qu'avec l'appui d'une preuve écrite ne puissent être résolues sur la production d'une preuve purement testimoniale — ce cas, excepté la règle générale, reprend toute sa vigueur. La qualité du prévenu devra être considérée, au moment où l'infraction a eu lieu.

Nous pensons même, qu'en usant d'une subtilité de droit, on pourra intenter une poursuite valable contre l'individu qui a perdu sa qualité de français par le fait même de son délit, en portant les armes contre sa patrie, art. 21, Code Nap. 75, C. P. en faisant la traite des noirs (chose assez rare), loi du 4 mars 1831.

ARTICLE VII.

L'étranger y est-il dit, devient justiciable de nos tribunaux à raison de deux catégories de crimes concernant la chose publique ; les crimes contre la sûreté de l'Etat, qui font partie du chap. I*ʳ, sect. 1, 2 du titre Iᵉʳ, du livre 3 au Code pénal (art. 75-108), et les crimes de contrefaçon, de monnaies, de papiers nationaux etc., prévus par les art. 132, 133, 139 C. Pén. Nous avons eu déjà l'occasion de nous expliquer sur les motifs qui permettent de déroger au principe général, qui veut qu'un étranger soit hors de l'atteinte de nos lois. L'état est personnellement attaqué, l'intérêt général de la nation l'est aussi, et bien que ces crimes soient préparés loin du territoire, leurs effets se feront sentir en France. Saurait-on exercer en meilleures occasions le droit de légitime défense ? Le Français qui se rendrait coupable de l'un de ces crimes, n'échapperait pas à la répression de la justice française. Pour lui, l'art. 5 dispose d'une manière générale, et l'on comprend dès-lors que l'art. 7, ne parle que de l'étranger. La loi française frappera ici le coupable sans distinction de nationalité. Une différence seulement dans les conditions de la poursuite existera entre le national et l'étranger. Comme le national commet un fait de la plus haute gravité, en attaquant directement sa patrie ; la loi art. 5, n'exige ni la présence sur le territoire, ni l'arrestation du français pour valider les poursuites dirigées contre lui. L'étranger, au contraire, ne peut être poursuivi et jugé, que s'il est arrêté en France, ou si le gouvernement obtient son extradition (chose assez difficile avec les tendances actuelles).

Si l'étranger après avoir commis un crime attentoire à la sûreté de notre nation, pendant que son pays était en guerre avec la France, venait ensuite sur notre territoire, pourrait-il y être arrêté, jugé et puni conformément à l'article 7?

M. Molinier est d'avis que la poursuite ne pourrait avoir lieu dans ce cas, parce que l'étranger, qui en pareilles circonstance a fait un acte d'hostilité, n'est pas juge des motifs qui ont engagé sa patrie à lutter contre la France; il ne saurait être puni de l'avoir aidée par les moyens que légitime l'Etat de guerre. Quant à la distinction entre les actes autorisés par l'Etat de guerre, et ceux qui ne le sont pas, elle appartient au droit des gens.

ARTICLE 187.

Nous n'avons pas a insister longuement sur un article qui se place en dehors de notre sujet; on a voulu donner satisfaction à un vœu exprimé depuis longtemps par la magistrature en faisant porter sur tous les délits, en général, une modification qui ne devait d'abord être appliquée qu'aux infractions commises en pays étranger.

L'article 187 donnait au condamné par défaut, en matière correctionnelle, le droit de former opposition au jugement dans les cinq jours de la signification au prévenu ou à son domicile; et à défaut de signification pendant le délai établi pour la prescription de la peine conformément à l'art. 636, C. Instr. Cr.

Mais le condamné était exposé à un danger; il pouvait à son insu subir une condamnation définitive, lorsque par une raison quelconque, il n'était pas rencontré à son domicile au moment de la signification du jugement. Cet inconvénient résultait de ce que la loi n'indiquait pas dans quelles formes le jugement par défaut serait signifié lorsque le prévenu ne pouvait être trouvé? La jurisprudence répara cette omission en appliquant à ce cas les règles contenues dans les §§. 8 et 9 de l'art. 69 du Code de Procédure Civile portant notamment que copie du jugement est adressée au parquet et affichée à la porte du tribunal. Mais, il arrivait souvent que la plus part des condamnés par défaut, qui n'ont pas de domicile fixe, ignoraient, de bonne foi, la signification ainsi faite; devait-on leur appliquer l'art. 187 et les déclarer déchus du droit de faire opposition? Devait-on leur refuser tout recours contre un jugement qui, souvent, avait prononcé des peines très sévères? Les opinions étaient divergentes.

Certains tribunaux accordaient ce droit parce que, disait-on, le délai de cinq jours ne s'applique que dans le cas de l'art. 187, lorsque la notification du jugement rendu par défaut a été faite à personne ou à domicile. A ceux dont la signification n'a pu atteindre ni la personne ni la résidence, l'art. 641 leur donne le droit de faire opposition jusqu'à l'époque où la peine a été prescrite. D'ailleurs, en empruntant au Code de Procédure des règles excellentes pour régulariser et clore la procédure par défaut, on doit les prendre avec l'esprit et les conséquences qu'elles produisent en droit civil. La formalité de l'art. 69 est une fiction qui trouve son correctif dans le principe que l'opposition est recevable jusqu'à l'exécution du jugement, (art. 158, 159, Pro. Civ.); pourquoi ne pas transporter le correctif aux matières pénales? l'honneur et la liberté d'une personne ne méritent-ils pas autant de protection que sa fortune privée et ne doit-on pas à l'accusé l'interprétation la plus favorable d'un texte de loi?

Cependant plusieurs Cours interprétant rigoureusement la loi, refusaient des oppositions de ce genre. On disait que lors de la confection du Code d'Instruction criminelle, le législateur avait connaissance de l'art. 69 du Code de Procédure civile. Si cet article n'a pas été reproduit, c'est qu'il n'a pas voulu les appliquer ici. La signification faite suivant l'art. 69 est-elle régulière? elle doit produire les mêmes effets que la signification à personne ou à son domicile. Si une lacune existe dans la loi, c'est au législateur qu'il appartient de la combler. Cependant, en appliquant ce dernier système, on ne se dissimulait pas ce qu'il y avait de grave dans le refus d'admettre les oppositions; la peine prononcée contre le prévenu absent, est toujours plus sévère et souvent il suffit d'une simple explication et de la présence du prévenu pour adoucir une condamnation. Aujourd'hui, on a définitivement assimilé la situation du condamné vis-à-vis duquel on n'a pas fait de signification et celle du condamné qui, involontairement, n'a pas connu cette signification (1).

ARTICLE 2 DE LA LOI.

Cet article a en vue la répression des délits et contraventions en matière forestière, rurale, de pêche, de douanes et de contributions indirectes commis sur le territoire de l'un des États limitrophes de la France ; il repose spécialement sur des considérations d'intérêt, puisque les faits dont il s'agit sont des infractions à la loi étrangère seule ; et que c'est la **loi** étrangère que l'on s'engage à faire respecter en France, pourvu qu'il y ait *réciprocité*. S'il est indifférent pour notre État que les lois des douanes des autres États soient ou non enfreintes, la France a intérêt à ce que les siennes soient respectées. Ces délits tendraient même à devenir fréquents, si la prudence des gouvernements n'y mettait ordre. En présence de cette

(1) *Moniteur* du 50 mai 1865.

idée de service que les nations se rendent les unes aux autres, on a ajouté pour la poursuite de ces infractions une condition nouvelle de réciprocité. Elle sera légalement constatée par deux moyens : les traités internationaux, 2° un décret de l'Empereur. Le premier moyen nous paraît plus avantageux en ce qu'il liera les gouvernements étran- vis-à-vis de la France.

La loi nouvelle soulève dans son application plusieurs difficultés, nous avons eu déjà l'occasion de nous expliquer sur la plupart d'entr'elles ; il nous reste à examiner celles dont nous avons indiqué le renvoi.

Une première question s'est présentée à notre esprit : quand cette loi sera-t-elle exécutoire? Pas de difficultés possibles s'il s'agit d'en faire l'application dans l'étendue de notre territoire. L'article 1er du Code Napoléon nous donne des règles certaines et d'un usage constant. Mais supposons qu'un Français absent de sa patrie depuis 1866, et n'ayant pas eu connaissance des dispositions prohibitives de la nouvelle loi se soit rendu coupable d'un délit à l'étranger ; il rentre en France, pourra-t-on lui demander compte de ce délit sous prétexte qu'il est présumé légalement avoir connu la loi? pourra-t-on lui dire, en étendant l'art. 1er, Code Napoléon : la loi est réputée avoir été connue de vous le lendemain de sa promulgation, avec une augmentation d'autant de jours qu'il y a de fois dix myriamètres entre la ville où la promulgation a été faite et le chef-lieu du pays étranger où vous étiez résidant, et ce délai est depuis longtemps expiré? Non, car le national, à l'étranger, ne trouve plus cette publicité, ces procédés nombreux d'information qui font que la loi est portée à la connaissance de ceux qui sont tenus de l'observer ; car l'art. 1er du Code Napoléon n'étend pas son mode d'action au-delà de la frontière française, parce que les principes de souveraineté et d'indépendance des nations s'y opposent. Au surplus, on a jugé que la promulgation de cette loi n'avait pas lieu dans les colonies françaises, à moins d'un décret. Il faudra donc dans cette question, mettre de côté toutes les présomptions légales que fait naître l'art. 1er pour s'en tenir exclusivement aux possibilités de fait que l'on retrouve au fond de toute loi pénale (art. 4, C. P.). Nous déciderons donc que le Français qui, résidant à l'étranger, a ignoré en fait l'existence de la loi, ne sera pas punissable.

Nous avons dit qu'un jugement définitif, intervenu en pays étranger, faisait obstacle à une nouvelle poursuite en France.

Que déciderons-nous, lorsque un jugement aura été prononcé contre un Français mais seulement par contumace. L'inculpé pourra-t-il se prévaloir de la maxime *non bis bis in idem ?* Cette difficulté était écartée par le projet de loi qui décidait que le condamné n'avait pas payé sa dette à la société offensée tant qu'il n'avait pas subi ou prescrit sa peine. Mais la Commission du Corps législatif a rejeté cette disposition, donnant pour raison que l'inculpé pourrait être soumis à un double jugement et à une double condamnation sur le même fait. Nous devons chercher la solution de notre question dans la jurisprudence qui, par un arrêt de la Cour suprême du 21 décembre 1861 (1), déclare que le jugement rendu à Vevez, canton de Vaud, contre le sieur Félicien Guy, accusé d'avoir émis de la fausse monnaie a un caractère essentiellement provisoire et que, du reste, il est fort contestable que la prohibition, résultant de la maxime, puisse paralyser en France l'action publique dirigée contre un Français, en vue d'une répression d'un crime attentoire à la sûreté de l'Etat ou à son crédit, parce que le prévenu aura été jugé par un tribunal étranger (2).

(1) *Journal du Palais*, année 62, p. 920.
(2) Dans ce sens, voyez un arrêt de la Cour de Gand, 3 décembre 1861 (*J. du Palais*, 62, p. 921).

Si le jugement étranger prononçait l'acquittement du prévenu, on déciderait sans peine que la maxime est applicable.

Mais lorsqu'un jugement d'*absolution* sera prononcé par un tribunal étranger, parce que le fait n'est pas puni par la loi étrangère, mais seulement par la loi du pays d'origine du prévenu, pourrait-on poursuivre en France?

L'esprit de la loi semblerait décider cette question dans le sens de l'affirmative. Le coupable a été jugé, mais il ne devait pas l'être. Ça serait lui faire une situation favorable que de le couvrir de la règle *non bis in idem*, à la suite d'une poursuite qui a été intentée sans raison, puisque nous supposons qu'un Français a été traduit devant un tribunal étranger sous l'inculpation d'un délit d'escroquerie par exemple, et a été absous parce que les juges ont déclaré ne voir dans ce fait qu'une simple tromperie que les lois ne punissent pas. Néanmoins, comme le fait se présente avec les mêmes éléments matériels et intelmoraux, et qu'une décision judiciaire est intervenue; qu'il s'agisse d'un crime ou d'un délit, du moment où le prévenu se présente avec un jugement d'absolution rendu à l'étranger, l'art. 5 est applicable et une nouvelle poursuite ne peut être intentée en France.

Un Français a été jugé et puni à l'étranger pour un fait qualifié délit par la loi française, simple contravention par la loi étrangère. Pourra-t-on intenter de nouvelles poursuites en France et appliquer une seconde peine plus forte? Ce cas nous paraît analogue au précédent et la présence des éléments constitutifs de la chose jugée réclame impérieusement l'application de notre article 5. Décider autrement, ce serait admettre que le Français ne saurait, dans aucun cas, échapper à la loi pénale française, lorsque celle-ci punit une infraction d'une peine plus forte que la loi étrangère, puisque d'après l'art. 1er, Code pénal, une contravention n'est ainsi nommée que parce que la loi attache une peine de police au fait qui la constitue.

Un jugement de condamnation, émanant de la juridiction étrangère, produira-t-il en France des résultats légaux soit pour établir l'état de *récidive*, soit pour produire les incapacités résultant de condamnations pénales ?

Cette première question est dominée par une règle d'ordre public, en vertu de laquelle les jugements rendus par les tribunaux étrangers, surtout en matière criminelle, n'ont aucune force exécutoire en France. L'art. 121, de l'ordonnance de 1629, portait « que les jugements rendus » ès-royaumes et souverainetés étrangères, pour quelque » cause que ce soit, n'auront aucun effet en France » et la disposition de cet article ne paraît pas avoir été abrogée (1). Ce serait évidemment contrevenir à cette règle que d'imprimer à un tel jugement rendu à l'étranger une force active pour l'application des peines de la récidive. Une meilleure raison, qui nous porte à nous prononcer négativement sur le premier point, nous l'empruntons au caractère même de la récidive.

La loi regarde comme un supplément d'expiation l'aggravation de la peine infligée à l'agent qui, s'étant rendu coupable *d'un autre délit*, a montré ainsi qu'un premier châtiment n'avait pas suffi pour le corriger ; mais cette présomption légale d'une habitude criminelle, sous laquelle est placé le récidiviste, peut s'évanouir dans certains cas : Ainsi elle disparaît lorsque la perpétration d'une infraction analogue a lieu à une époque éloignée de la première. Dans ce cas, la loi du 25 frimaire, an VIII, avait reconnu dans son article 15 qu'un intervalle de trois ans, à compter du jour de l'expiration de la peine, suffirait pour ôter ce caractère de récidive au nouveau délit commis par celui qui avait déjà subi une condamnation antérieure. Ne peut-on pas établir une certaine analogie entre ce dernier cas

____

(1) Arrêt de Cassation du 6 août 1829, *Journal de Droit crim.*, p. 348.

et celui où une première infraction a eu lieu en pays étranger. Est-ce que, en supposant que la pénalité étrangère ait
été convaincue d'impuissance, puisque il y a eu de la part
de l'agent réitération dans la voie de l'infraction, on doit
en inférer de là que la pénalité française n'est pas suffisante
pour faire respecter les prescriptions de notre loi?

Ce premier point résolu négativement, nous étendons la
même décision au second, consistant à savoir si le jugement étranger ne pourrait pas produire des incapacités,
dérivant à titre de peines accessoires des peines principales encourues. Pourquoi un jugement, dont on reconnaît
l'existence, n'entraînerait-il pas la privation du droit de
disposer ou de recevoir, la dégradation civique, la surveillance de la haute police et autres peines accessoires
qui naissent des condamnations à une peine afflictive et infamante? Si c'est l'indignité reconnue de l'individu qui
engendre ces peines, est-ce que le jugement étranger ne la
constitue pas dans une certaine mesure? Nous répondons
que ces indignités ont un véritable caractère pénal, dont
l'effet est souvent très grave, et admettre ces conséquences,
ce serait veiller à l'exécution des actes émanant de l'autorité étrangère. Donc ces indignités n'auront pas lieu.

Autre question. — Une poursuite a eu lieu devant les
tribunaux étrangers pour crimes d'infanticide commis par
une personne française. Un acquitement intervient sur ce
fait. Plus tard, la même personne est traduite en France
devant la justice, accusée de s'être rendue coupable d'un
homicide par imprudence (art. 319, C. P.). Cette personne
pourra-t-elle se prévaloir devant le tribunal français du
jugement rendu par la juridiction étrangère et opposer
l'autorité de la chose jugée?

Nous savons que l'un des quatre éléments constitutifs de la
chose jugée, c'est qu'il y ait identité entre les faits jugés et
ceux qui sont l'objet de la nouvelle poursuites (art. 360 Inst.
c.). Or, comme tout fait renferme des éléments matériels et
moraux et que le fait de donner la mort peut constituer un

meurtre ou un homicide involontaire, suivant que l'agent a eu ou n'a pas eu la volonté d'agir, puisque le même fait matériel est susceptible quelquefois de diverses qualifications, on se demande si l'acquittement sur le fait qualifié dans le premier sens, interdit une nouvelle poursuite sur ce fait pris dans une acception différente.

En général, les commentateurs tels que : MM. Faustin Hélie, Achille Morin, Ortolan se prononcent pour l'affirmative, mais l'opinion contraire est celle que la jurisprudence signale par des arrêts nombreux (Cass., arrêt du 30 juin 1864).

Dans l'espèce que nous avons prise, l'article 300 du Code pénal définit l'infanticide, le meurtre volontaire d'un enfant nouveau-né; les actes de simple imprudence ne le constituent pas. Les jurés interrogés ont répondu qu'il n'y avait pas infanticide. Mais s'ils ne sont pas interrogés sur le fait d'imprudence de la part de la mère du nouveau-né, il ne peut y avoir chose jugée sur ce point. Mais sur quelles raisons est basé le système contraire? Entr'autres arguments, les commentateurs disent que l'article 360 ne pose aucune distinction entre les faits moraux et matériels d'un délit, de telle sorte, que lorsque le jury chargé d'apprécier un fait dans toutes ses faces, de rechercher s'il y a eu ou non volonté de l'agent, a donné sa décision, il y a chose jugée ; et le même fait ne peut plus être recherché.

Nous répondons que le jury n'a plus, comme sous le Code du 3 brumaire an IV, le droit d'examiner le fait dans toutes ses faces ; mais seulement dans celles que lui présente l'accusation. Tandis que la chambre d'accusation est chargée de qualifier l'infration (art. 246), le devoir du président des assises consiste seulement à interroger les jurés sur l'infraction qualifiée. Dès lors, l'arrêt intervenu ne purge pas les autres qualifications du fait exclues de la poursuite. La jurisprudence nous fournit ainsi la réponse à notre question, et le jugement rendu à l'étranger ne peut a fortiori placer le prevenu sous la protection de la maxime *non bis in idem* (1).

Autre question. — Il s'agit maintenant d'un délit commis en France par un étranger qui, parvenu à fuir la justice française s'est rendu dans son pays, et a été jugé à raison de cette infraction, parce que la loi de son pays déclare punissables les faits que le national commet à l'étranger. Le jugement émané de la justice étrangère fait-il obstacle à une nouvelle poursuite en France?

Cette question s'est présentée une première fois devant la Cour de Metz, le 19 juillet 1859 (J. du Palais 1859 p. 989). Un vol domestique avait été commis par une servante Bavaroise, la fille Schœpper, et aprés un jugement du tribunal de Deux-Ponts qui condamna la prévenue à une peine de beaucoup supérieure à celle que prononce la loi française, des poursuites eurent lieu en France malgré les conclusions du Procureur-Général, tendant à un non lieu. L'exception de la chose jugée ne fut pas accueillie par la Cour, sur ces motifs : qu'au dessus de l'intérêt personnel de l'accusée s'exposant à une double condamnation, se trouve l'intérêt de la France, dont le territoire doit être garantie par la police judiciaire du trouble que produit l'infraction à nos lois. 2° Qu'il existe un droit de souveraineté pour chaque nation qui lui permet de conserver la plénitude de sa juridiction, en ne reconnaissant aucune autorité aux actes qui émanent d'un pouvoir étranger ; que la condamnation à l'étranger pouvant devenir l'objet d'une grâce ou d'une amnistie, le coupable pourrait venir en France, offrir sur les lieux même de son crime, le scandale de l'impunité, etc.

Cet arrêt est presque la condamnation du système de la personnalité de la loi pénale, puisqu'on reconnait avant tout à une nation le droit de maintenir l'ordre à l'intérieur,

____

(1) Dans le sens de la jurisprudence, voyez les leçons de M. Molinier et l'ouvrage de M. Richard Maisonneuve, p. 136 et suiv., 2ᵉ édit.

et cette opinion est encore confirmée par un arrêt de Cassation, du 21 mars 1862 (1).

Réformant un jugement de la Cour de Douai, la Cour suprême sur les conclusions de l'avocat général Savary et du rapporteur M. Faustin Hélie, s'est inspirée des idées que voici : attendu que l'art. 3 du Code Nap. établit le principe de la souveraineté territoriale, en vertu duquel le Souverain s'est réservé le droit de réprimer tous les délits commis sur le territoire, alors même qu'ils ont été commis par des étrangers — qu'en vertu de ce principe, la justice française peut toujours être saisie d'une poursuite dirigée contre un étranger, à raison d'un délit commis en France, et y statuer sans que son action puisse être arrêtée par les actes de la justice étrangère, à raison du même délit — que la théorie du droit public qui fait prévaloir le principe de la souveraineté territoriale, sur l'application de la maxime *non bis in idem*, loin de se trouver contredite par les articles 5, 6, 7, Inst. Crim., trouve au contraire un appui dans l'esprit et les termes de ces articles — qu'en effet, les articles 5, 6, n'attribuent aux tribunaux français la connaissance de certains crimes attentatoires à la sûreté de notre Etat, lorsqu'ils ont été commis hors du territoire français, que parce que ces crimes préparés ou commis en pays étranger se continuent, s'accomplissent ou ne produisent tous leurs effets que dans les limites du territoire — que l'article 7 qui n'autorise la poursuite en France des crimes commis à l'étranger par un Français contre un Français que dans le cas où le crime n'a pas été poursuivi et jugé en pays étranger, bien loin de reposer sur la maxime *non bis in idem* et sur la reconnaissance de l'exception de la chose jugée se fonde au contraire sur le principe de la souveraineté territoriale — qu'en effet, le législateur français qui reconnait à une souveraineté étrangère le droit de juger un Français qui a commis un

_____

(1) *Journal du Palais*, p. 911.

crime sur un territoire étranger, entend évidemment faire respecter chez lui le principe de la souveraineté territoriale qu'il ne méconnaît pas chez les autres, etc., par ces motifs la Cour *casse*.

On peut faire de sérieuses objections aux motifs qui ont inspiré ces deux arrêts. La garantie d'ordre et de moralité que l'on recherche en exerçant le droit de punir, n'existe-t-elle pas, lorsque les poursuites ont déjà eu lieu et qu'un jugement émanant d'une juridiction compétente est intervenu. Dans l'intérêt même de la France et de la sécurité publique, une condamnation doit suffire à la réparation d'un délit. Berlier répondant à une objection que si le coupable était poursuivi en France et à l'étranger, on pourrait avoir sur le même fait deux jugements contradictoires, disait que la maxime *non bis in idem* appartenait au droit universel des nations, et c'est ce que l'ancien article 7 déclarait expressément. La dignité de la justice ne gagnera rien à ces exhibitions d'accusés qui, après avoir déjà subi une peine en rapport avec la gravité de l'infraction, entendront le ministère public proclamer le premier la nécessité d'un acquittement (1).

Il nous reste à examiner une question de prescription.

D'abord il est hors de doute que la poursuite à l'étranger n'interrompra pas la prescription en France ; car les actes de la juridiction étrangère ne produisent aucun effet en France. Mais la prescription sera-t-elle régie dans sa durée par la loi étrangère ou par la loi française ?

Pour les crimes, la controverse n'est pas possible. Le Français qui commet un crime est punissable d'après la loi française, puisque c'est d'après notre loi qu'on règle les conditions de la criminalité ; ce sera aussi d'après elle que l'on décidera si la peine est ou non prescrite.

Pour les délits, le doute peut s'élever puisque la pour-

---

(1) Voyez une monographie de M. Bonfils : *De la compétence des tribunaux français*, p. 527-550.

suite n'a lieu en France que tout autant que la loi étrangère déclare le même fait punissable. Il semblerait même
par voix d'analogie, que lorsque la prescription qui déclare
éteint le droit d'action est plus courte en pays étranger, le
coupable devrait pouvoir l'invoquer. Cependant, par les
raisons données ci-dessus, nous déciderons que l'exercice
de l'action publique à raison d'un délit sera soumis à la
prescription de la loi française. Toutefois, il en résultera
au moins un léger avantage ; c'est que la prescription sera
appliquée alors même qu'elle ne serait pas acquise selon la
loi étrangère. Car ainsi qu'on le faisait judicieusement
observer dans le cours de la discussion (1), le Code d'Instruction criminelle française, c'est le Code des délits
commis à l'étranger et des délits commis en France.

Il est certains délits qui se localisent, qui ne créent un
danger que dans le lieu où ils sont commis (délit de va-
gabondage, de mendicité, port d'armes prohibées). Ces faits
sont assez indifférents en eux-mêmes ; mais l'Etat éprouve le
besoin de les surveiller et de les soumettre à des conditions
sans lesquelles ces actes ne seraient pas regardés comme
délits. Ainsi, l'on publie un journal où bien l'on exerce le droit
de réunion. Ce fait constituera un délit si l'on ne prend le
soin d'avertir l'administration. Si une simple démarche
est faite auprès d'elle le même fait sera innocent ; il y a là
un délit local résultant de l'infraction à une mesure de police. Dans ces cas, la loi est forcément territoriale et les
tribunaux français sont incompétents pour juger de tels
faits qui ont eu lieu à l'étranger et cela quand même une
autorisation serait requise par le gouvernement étranger.
Nous n'avons pas en effet de loi qui punisse le fait de
s'assembler en France sans l'autorisation de l'Etat
étranger.

Lorsqu'un Français se rend coupable à l'étranger d'un
délit d'outrage à un culte reconnu, on ne saurait non plus

____

(1) M. Gressier, deuxième séance.

le punir à son retour, car l'Etat ne protége les cultes qu'à l'intérieur du pays et par mesure de police, pour que les passions religieuses ne puissent pas provoquer de discordes entre les cultes dissidents. Dans tous ces cas, la question de la prescription s'efface puisque la culpabilité a disparn également.

POSITIONS

DROIT ROMAIN

I. Le *prœmium* du titre VII aux *Instiiutes de Donatio-
nibus* ainsi conçu (*Est et aliud genus adquisitionis,
donatio*) peut se concilier avec les principes généraux
du Droit romain qui n'admettent pas parmi les modes
d'acquisition, la donation.

II. Le pacte joint *in continenti* même à un contrat de
droit strict (cas du *mutuum,* de la *stipulatio*) fait
partie intégrante de ce contrat et vient de plein droit
en augmenter ou en diminuer l'effet.

III. L'incapacité de l'*infans* dont parle le § 10, *Institutes*
livre 3, titre 20, *de inutilibus stipulationibus*, s'étendait jusqu'à l'âge de 7 ans.

IV. On ne saurait assimiler l'obligation naturelle et l'obligation morale. L'acquittement de l'obligation morale
constitue une libéralité dans le droit positif.

DROIT FÉODAL ET COUTUMIER

I. Les articles 176, 177 de la coutume de Paris, auxquels
les Rédacteurs du Code Napoléon ont emprunté l'article 2102, § 4, nous permettent de dire que la revendication dont il est parlé à la suite de ce § 4, n'est autre
que la revendication de la possession.

II. La disposition de l'article 2279 trouve son origine dans notre Droit coutumier.

III. Il en est de même de l'article 60 de la loi du 22 frimaire an VII, en matière d'enregistrement.

CODE NAPOLÉON

I. Le tuteur peut vendre seul et sans la présence du subrogé tuteur les biens incorporels. — En autres termes, l'article 452 n'est pas général et ne comprend pas les créances, rentes, fonds de commerce, offices, charges, etc.

II. Les donations entre époux sont révocables pour cause d'ingratitude.

III. La survenance d'un enfant issu d'un mariage putatif révoque la donation, sans qu'il y ait lieu à distinguer si l'époux donateur était de bonne ou de mauvaise foi.

IV. Il est permis de stipuler sous condition le régime de la communauté.

V. Nous n'admettons pas l'opinion de la jurisprudence qui déclare la dot mobilière inaliénable sous le régime dotal.

VI. L'interdit pour cause de démence, imbécilité, fureur, peut se marier durant un intervalle lucide.

PROCÉDURE. CIVILE

I. Le jugement d'adjudication n'est qu'un acte judiciaire susceptible, ni d'opposition, ni d'appel, tierce opposition, requête civile, etc.

II. L'adjudicataire évincé peut intenter une action en répétition de prix contre les créanciers payés.

III. L'adjudicataire d'un immeuble peut, dans l'intervalle laissé à l'avoué pour élire commend, faire la cession de son droit immobilier.

DROIT COMMERCIAL

I. Le tiré qui, par ordonnance du juge, a été contraint de payer une lettre de change sur la présentation de l'exemplaire non revêtu de son acceptation, est libéré malgré l'article 148 qui semble affirmer le contraire.

II. Le chèque n'est pas un instrument de crédit, mais un moyen propre à faciliter les paiements.

III. La déchéance du terme, article 444 dans le cas de faillite, ne donne pas aux créanciers hypothécaires, privilégiés ou nantis, le droit de procéder immédiatement aux poursuites individuelles dont parle l'article 571.

IV. Le privilége du vendeur tombe sous les coups de l'article 448.

V. Une loi nouvelle qui vient restreindre à deux années de loyer, le droit du propriétaire bailleur de se faire colloquer pour tous les loyers non échus dans la faillite du locataire, lors même que les appartements loués ne sont pas dégarnis, cette loi se justifie par des raisons de droit.

DROIT CRIMINEL

I. L'existence entre deux gouvernements d'un traité d'extradition, spécial à certains crimes déterminés ne met pas obstacle à ce que l'extradition soit accordée pour d'autres crimes que ceux qui y sont spécifiés.

II. Les jugements rendus par les tribunaux de répression, ont vis-à-vis de la juridiction civile, l'autorité de la chose jugée par rapport aux faits qu'ils établissent et dont la *contestation* rentrait dans les attributions du jury ou des juges criminels.

III. Les ambassadeurs, ministres, envoyés ou résidents étrangers, exerçant en France une fonction diplomatique, inviolables dans l'exercice de leurs fonctions publiques, ne sont pas exempts de la juridiction territoriale lorsqu'ils se rendent coupables d'une infraction assez grave pour troubler l'ordre et la sécurité de l'Etat où ils résident.

DROIT ADMINISTRATIF

1° Un acte constatant une convention nulle de plein droit, n'est pas soumis à l'impôt?

2° Lorsque plusieurs successions sont ouvertes successivement, il n'y aura pas toujours lieu à percevoir un droit spécial sur chacune d'elles.

3° La convention passée entre un romancier et un éditeur d'un journal par laquelle l'un s'engage moyennant un prix déterminé, à fournir à l'autre les fruits d'un travail intellectuel, est regardée par l'administration fiscale, non comme un mandat ou louage de services, mais comme une vente de propriété littéraire.

Cette thèse sera soutenue en séance publique, le 2 Juillet 1868, dans une des salles de la Faculté de Droit de Toulouse.

Vu par le Président de la Thèse,

VICTOR MOLINIER.

Vu par le Doyen de la Faculté,

CHAUVEAU ADOLPHE.

Vu et permis d'imprimer :

M. le Recteur,

ROUSTAN.

« Les visa exigés par les règlements sont une garantie des principes et
» des opinions relatifs à la religion, à l'ordre public et aux bonnes mœurs
» (Statut du 9 avril 1825, article 41), mais non des opinions purement
» juridiques, dont la responsabilité est laissée aux candidats.
» Le candidat répondra, en outre, aux questions qui lui seront faites
» sur les autres matières de l'enseignement. »

TABLE DES MATIÈRES

DROIT ROMAIN

DROIT FRANÇAIS

Toulouse. — Imp. Caillol et Baylac, rue de la Pomme, 34.